锂离子电池
硅基负极材料黏结剂研究

苏晓云　崔增丽　张丹宁　著

哈尔滨出版社
HARBIN PUBLISHING HOUSE

图书在版编目（CIP）数据

锂离子电池硅基负极材料黏结剂研究／苏晓云，崔
增丽，张丹宁著. -- 哈尔滨：哈尔滨出版社，2025.

1. -- ISBN 978-7-5484-8216-1

Ⅰ．TM912

中国国家版本馆 CIP 数据核字第 2024A67P52 号

书　　名：**锂离子电池硅基负极材料黏结剂研究**
LILIZI DIANCHI GUIJI FUJI CAILIAO NIANJIEJI YANJIU

作　　者：苏晓云　崔增丽　张丹宁　著

责任编辑：赵海燕

出版发行：哈尔滨出版社（Harbin Publishing House）

社　　址：哈尔滨市香坊区泰山路 82-9 号　邮编：150090

经　　销：全国新华书店

印　　刷：北京虎彩文化传播有限公司

网　　址：www. hrbcbs. com

E - mail：hrbcbs@ yeah. net

编辑版权热线：（0451）87900271　87900272

销售热线：（0451）87900202　87900203

开　　本：880mm×1230mm　1/32　印张：5.5　字数：138 千字

版　　次：2025 年 1 月第 1 版

印　　次：2025 年 1 月第 1 次印刷

书　　号：ISBN 978-7-5484-8216-1

定　　价：58.00 元

凡购本社图书发现印装错误，请与本社印制部联系调换。

服务热线：（0451）87900279

前　　言

随着电动汽车和便携电子设备的快速发展,锂离子电池的需求日益增加。硅基负极材料因其高理论比容量被认为是下一代高性能锂离子电池的关键材料。然而,硅基材料在充放电过程中会发生巨大的体积变化,导致电极结构破坏和电池性能下降。为了解决这个问题,研究者们开始关注黏结剂的作用。黏结剂不仅能够将活性物质与导电剂、集流体紧密黏结,还能有效缓冲硅基材料的体积变化,维持电极结构的完整性。因此,开发新型、高效的硅基负极材料黏结剂成为当前锂离子电池研究的热点和难点。本书旨在探索和优化硅基负极材料的黏结剂,以提高锂离子电池的性能和寿命。

本书共分为五章,详细探讨锂离子电池硅基负极材料黏结剂的多个方面。第一章介绍锂离子电池的基本原理,硅基负极材料的结构与性能,以及其制备方法和市场前景。第二章讲述了黏结剂的基本原理与性能要求,详细阐述黏结剂的作用、分类及其性能要求。第三章深入探讨黏结剂与硅基负极材料的相互作用,包括界面相容性和对电化学性能的影响。第四章通过案例分析,展示黏结剂在硅基负极材料中的实际应用效果。第五章对黏结剂在硅基负极材料中失效的原因进行分析,并提出了预防措施与解决方案。全书内容层层递进,为读者提供了全面而深入的理论和实践指导。

目　　录

第一章 锂离子电池基本原理与硅基负极材料概述

第一节 锂离子电池的工作原理

一、锂离子电池的特征及其性能参数

(一)锂离子电池的特点

1.高能量密度与长周期寿命

锂离子电池以其高能量密度在现代电池技术中独树一帜,这一特点主要得益于锂离子电池内部化学反应的高效性。在锂离子电池中,锂原子在充放电过程中通过电解液在正负极之间移动,这种移动过程相较于其他类型的电池更为高效,因此能够存储和放出更多的能量。高能量密度意味着在相同重量或体积的情况下,锂离子电池能够提供更长时间的电力供应,这使得它在便携式电子设备如手机、笔记本电脑等领域具有显著优势。锂离子电池的高能量密度还带来了另一项重要优势——较小的体积和重量。在现代电子设备追求轻薄、便携的趋势下,锂离子电池的这一特点显得尤为重要。它使得设备设计师能够在不牺牲电池续航能力的前提下,实现设备的轻量化和小型化。这不仅提升了用户的使用体验,还推动了电子设备行业的创新发展。除了高能量密度,锂离子电池还展现出了出

色的充放电效率。在充放电过程中,锂离子能够在正负极材料之间快速且有效地嵌入和脱嵌,这保证了电池能够快速充电并持续稳定地放电。这种高效率不仅减少了充电时间,还提高了电池的使用效率,使得锂离子电池成为快节奏现代生活中的理想选择。

2. 环保性与安全性

锂离子电池作为一种先进的电池技术,不仅具有高能量密度和长寿命等显著特点,还在环保性和安全性方面表现出色。这些特性使得锂离子电池成为现代社会中广泛应用的能源解决方案。在环保性方面,锂离子电池相较于传统的铅酸电池和镍镉电池具有更低的环境污染。随着全球对环境保护意识的提高,选择环保型的电池已经成为社会的共识。此外,锂离子电池还具有较高的能量转换效率,这意味着在相同能量输出下,它所需的原材料和能源消耗相对较少。这种高效能源利用有助于减少资源浪费,降低碳排放,从而缓解全球气候变化的压力。锂离子电池的环保性不仅体现在生产和使用过程中,还体现在回收处理上。通过专业的回收处理流程,可以实现对锂离子电池中有价值材料的回收再利用,进一步减少对自然资源的消耗。随着技术的进步,锂离子电池的安全性能得到了不断提升。现代锂离子电池通常配备有多重安全保护机制,如过充保护、过放保护、过流保护以及温度保护等。这些保护措施能够有效防止电池在异常情况下发生燃烧、爆炸等安全事故,确保用户的人身财产安全。并且,经过精心设计和制造的锂离子电池能够在各种恶劣环境下保持正常工作,如高温、低温、潮湿等环境。这种稳定性使得锂离子电池在军事、航空航天等高风险领域得到了广泛应用。在这些领域中,电池的安全性和稳定性至关重要,锂离子电池以其出色的安全性能赢得了用户的信赖。随着快充技术的发展,锂离子电池可以在较短时间内充满电量,提高了使用效率。同时,锂离子电池还具有较好的抗记忆效应能力,即使在不完全放电的情况下进行充电也不会对电池容量产生明显影响。

(二)锂离子电池的性能参数

1. 电压与容量

锂离子电池的电压与容量是其基本且核心的电气性能参数,它们共同决定了电池作为能量存储装置的实际效能。电压,即电池在工作状态下的电位差,反映了电池内部电子流动的动力源,是电池对外供电的基础动力。锂离子电池的电压并非固定不变,而是在充放电过程中呈现出动态变化。其特征在于充电过程中电压逐渐上升至峰值,随后在接近充满时趋于平稳;而在放电过程中,电压则随着活性物质中锂离子的消耗而逐渐降低,直至安全阈值以下。电压的具体数值由电池正负极材料的电化学势差决定,不同类型的锂离子电池(如钴酸锂、锰酸锂、磷酸铁锂、三元材料等)因其正负极材料组合的不同,具有各自的典型工作电压范围。此外,电解液的性质、隔膜的电阻、电极的厚度以及温度等因素也会影响实际工作电压。精确控制电池的工作电压对于确保其高效运行、防止过充过放导致的安全问题以及延长使用寿命至关重要。容量是衡量锂离子电池存储电能能力的重要尺度,它代表了电池在一定条件下(如标准放电速率、截止电压等)能够提供或接受的电荷总量。容量通常以安时(Ah)或毫安时(mAh)为单位表示,并与电池中活性物质的总量及其有效利用程度直接相关。提高电池容量旨在增加设备的运行时间或行驶里程,是满足消费者对长续航需求的关键技术挑战。容量大小不仅受到活性物质的质量、面积及结构设计的影响,还与电池管理系统(BMS)的优化、充放电策略的选择以及热管理系统的效率紧密相连。精确测定和合理标定电池容量对于保证用户预期使用体验、避免容量虚标引发的信任危机以及实现电池价值的最大化意义重大。

2. 充放电循环寿命

充放电循环寿命是衡量锂离子电池在其生命周期内能够承受反复充放电操作次数的耐用性指标,关乎电池的整体经济性和环保属性。具体而言,循环寿命指的是电池在指定的充放电制度(如恒流恒压充电、恒电流放电、截止电压等条件)下,其容量降至初始额定值的某一特定比例(如80%或60%)时所经历的完整充放电循环次数。这一比例被称为"容量保持率",用于评估电池在长期使用后的性能衰退情况。影响锂离子电池循环寿命的因素众多且复杂,包括但不限于:电极材料的稳定性与耐腐蚀性、电解液的氧化还原稳定性与界面相容性、电极-电解液界面膜的形成与演化、活性物质与集流体之间的黏结强度、电池内部的机械应力与热应力、充放电速率与深度、工作温度范围以及BMS的精细化管理等。通过改进电极材料配方、优化电池结构设计、强化界面工程、研发高性能电解液、实施合理的充放电策略以及集成智能化监控技术,科研人员和工程师致力于延长锂离子电池的循环寿命,以减少频繁更换带来的资源消耗和环境污染,同时降低用户的全生命周期使用成本。

3. 自放电率

自放电率是评价锂离子电池在非工作状态下,即未连接任何负载、处于开路条件时,其自身电量随着时间自发损失的速率。这一特性直接影响电池的储存性能、保质期以及应急备用电源应用场景下的可靠性。自放电率通常以每月百分比表示,例如每月自放电率2%意味着电池若闲置一个月,将失去其总容量的2%。自放电现象源于电池内部的一系列副反应,包括电极表面的自催化反应、电解液的分解、正负极间直接的固态电解质界面(SEI)层生长、杂质引起的短路通道形成等。这些非理想反应在没有外部电路引导的情况下持续消耗活性锂离子,导致电池电压下降和容量损失。降低自放电率对于提高电池的长期储能效果、确保长时间存放后仍能保持充足电量,以及满足特定应用(如军事装备、深空探测器、应急通信设备等)对电池长期待机能力的要求至关重要。改善锂离子电池自放电性能的策略包括选用自放电率低的电极材料、优化电解液添加剂以抑制副反应、增强电极表面保护层以减少界面副反应、提高电池密封性防止水分与氧气渗透,以及采用低温储存和定期维护充电等方式。通过综合运用上述方法,现代锂离子电池已实现较低的自放电率,从而提高了其在各种工况下的实用性和经济性。

二、锂离子电池的优缺点分析

(一)锂离子电池的优点

1.高效能与便携性

锂离子电池的显著优点之一是高效能。这种高效能主要体现在电池的高能量密度上,它使得锂离子电池能够在相对较小的体积和重量下,存储大量的电能。相较于传统的铅酸电池、镍镉电池等,锂离子电池的能量密度要高得多,这意味着同样的电量所需的电池重量更轻、体积更小。这一点对于现代便携式电子设备来说至关重要,因为设备的便携性在很大程度上取决于电池的体积和重量。锂离子电池的高效能让手机、笔记本电脑、平板电脑等设备得以更加轻薄,便于携带,极大地提升了用户体验。随着技术的不断进步,锂离子电池的充电速度越来越快,很多电池支持快充技术,可以在较短的时间内充满电量。这种快速充电的特性使得锂离子电池在忙碌的现代生活中更具实用性,人们无须长时间等待电池充电,提高了设备的使用效率。同时,锂离子电池的放电性能也相当出色,它能够在高负载下稳定放电,满足各种高性能设备的需求。

2. 使用时间长且环保

在倡导全民绿色环保背景下,选择环保型的电池显得尤为关键重要。锂离子电池不含有铅、镉等重金属,因此其生产、使用和回收过程中对环境的影响较小。这一点与传统的铅酸电池和镍镉电池相比,具有显著的优势。锂离子电池的广泛应用有助于减少有害物质的排放,保护生态环境,符合当前社会对绿色、可持续发展的追求。而且,锂离子电池的长寿命得益于其稳定的内部结构和耐用的正负极材料。这些材料能够在充放电过程中保持稳定,减少容量的衰减,从而延长电池的使用寿命。并且,频繁的电池更换会产生大量的废弃物,给环境带来压力。而锂离子电池的长寿命减少了废弃物的产生,降低了对环境的负面影响。此外,随着技术的进步,锂离子电池的回收和再利用也变得更加可行和高效,这进一步提升了其环保性。锂离子电池的环保性和长寿命不仅在消费电子领域具有显著意义,还在其他领域如电动汽车、可再生能源存储等方面展现了广阔的应用前景。在电动汽车领域,锂离子电池的长寿命使得电动车的使用成本大幅降低,同时其环保性也符合未来交通工具的发展趋势。在可再生能源存储方面,锂离子电池能够高效地存储太阳能、风能等可再生能源产生的电力,推动清洁能源的发展。

(二)锂离子电池的缺点

1. 安全隐患与防护挑战

(1)内部短路与热失控触发

锂离子电池作为广泛应用的储能装置,尽管在能量密度、功率性能和循环寿命等方面表现出色,但其潜在的安全风险一直是行业关注的核心议题。这类电池在极端条件下可能发生的热失控或者是燃烧,不仅威胁到用户的人身财产安全,也可能对环境造成污染。内部短路是引发锂离子电池安全事故的常见诱因,当电池内部的正负极之间形成意外的通路,大量电流在极短时间内迅速通过,产生大量的热能。这种异常电流可能导致局部过热,尤其是当短路位置靠近电极–电解质界面时,热效应更为集中。一旦热量积累超过临界值,可能会引发正极材料的热分解、电解液的剧烈氧化以及负极表面锂金属的析出与枝晶生长,形成所谓的"热失控"现象。热失控是一个自我加剧的过程,伴随着大量气体(如 CO、CO_2、H_2 等)生成、压力急剧升高、电池外壳破裂。

(2)电解液易燃与高温风险

传统锂离子电池使用的电解液主要由易燃的碳酸酯类有机溶剂与锂盐组成,这些溶剂具有较低的闪点和沸点,一旦泄漏或在高温环境下接触空气,容易引发火灾。尤其是在过充、过热或机械损伤等情况下,电解液可能发生热分解,释放出可燃气体,增加了电池起火的风险。此外,高温环境会导致电解液加速蒸发,降低电池的有效电解质含量,进一步恶化电池的热稳定性。

(3)极片与隔膜的热稳定性

锂离子电池的正负极片在充放电过程中会发生体积变化,尤其是在高倍率或深充放电条件下,可能导致活性物质脱落、电极结构破坏,进而引发内部短路。此外,隔膜作为防止正负极直接接触的关键组件,其热稳定性至关重要。在过热或内部短路产生的高温作用下,隔膜可能熔融或收缩,丧失隔离功能,加速热失控进程。选择热稳定性优良的电极材料和耐高温隔膜材料,以及优化电极涂布工艺与电池组装技术,对于提升电池热稳定性具有重要意义。

2. 经济性与环境影响考量

（1）原材料获取与成本波动

锂离子电池的制造高度依赖于稀有金属资源，如锂、钴、镍、锰等，其中部分元素在全球分布不均，开采和提炼过程复杂且能耗较高。原材料价格的波动直接影响电池成本，特别是在市场需求激增、供应链紧张的情况下，原材料价格飙升会对电池制造业造成巨大压力。此外，随着电池产量的增长，长期来看，资源枯竭和供应安全问题也将日益凸显。

（2）制造过程的能源消耗与排放

电池制造过程涉及多个高能耗步骤，如矿石冶炼、活性物质合成、电极涂覆、电池装配、化成与分离等，这些环节会产生大量温室气体排放。尽管近年来电池生产工艺有所改进，能源效率有所提高，但总体上，锂离子电池的全生命周期碳足迹仍然较高，尤其与传统化石燃料相比，其低碳优势在制造阶段并不明显。

（3）回收利用效率与二次污染

退役锂离子电池的回收处理面临诸多难题。一方面，电池拆解难度大，需要专门设备进行安全无害化拆解，以防止电解液泄漏和内部短路。另一方面，回收过程中提取有价值金属的效率有待提高，目前常用的湿法冶金工艺虽能有效回收大部分金属，但伴随产生大量废水、废渣，处理不当可能导致重金属污染和有机物泄漏。此外，废旧电池中含有的有害物质（如氟化物、六氟磷酸锂等）处置不当也会对环境造成威胁。

第二节　硅基负极材料的结构与性能特点

一、硅基负极材料的结构特点

(一)晶体结构分析

1. 晶体硅的基本结构

晶体硅,作为地壳中含量第二丰富的元素所形成的晶体材料,具有独特的物理和化学性质,特别是在电子材料领域占据着举足轻重的地位。硅的晶体结构属于金刚石型立方晶系,每个硅原子通过共价键与周围的四个硅原子紧密相连,形成一个正四面体的结构。这种结构赋予了晶体硅极高的熔点和稳定性,同时也使其成为半导体材料的佼佼者。在晶体硅中,每个硅原子都位于正四面体的顶点,通过共享电子对形成的共价键来维系整个结构的稳定性。这种强而有力的共价键,不仅保证了硅晶体的硬度,还为其提供了出色的热稳定性。此外,由于硅原子的电子排布特性,使得晶体硅在适当的条件下能够表现出优异的半导体性能,这是现代电子技术中不可或缺的一环。晶体硅的制备通常是通过高温熔炼的方法,将不纯的硅矿石提纯后,在高温下熔化并慢慢冷却结晶,最终形成高纯度的单晶硅或多晶硅。在这一过程中,对温度和环境的精确控制至关重要,它直接影响到硅晶体的质量和性能。值得一提的是,晶体硅不仅在半导体行业中发挥着核心作用,还在太阳能领域大放异彩。由于其对光的吸收和转换效率高,硅基太阳能电池已成为当前最主流的太阳能转换技术之一。晶体硅的基本结构不仅决定了其物理和化学性质,更在科技领域赋予了它无可替代的地位。从集成电路到光伏发电,从微电子学到纳米科技,晶体硅的应用已经渗透到现代科技的方方面面,成为推动科技进步的重要力量。

2. 硅基负极材料的晶体结构变异

硅基负极材料凭借其高理论比容量和低电化学电位,成为了研究的热点。硅基负极材料的晶体结构变异主要体现在硅与锂的合金化过程中。在充放电时,硅与锂形成多种合金相,如 $LiSi$、$Li_{12}Si_7$、$Li_{14}Si_6$、$Li_{21}Si_5$ 等,这些合金相的转变导致了晶体结构的复杂变化。特别是在锂化过程中,硅的体积会发生巨大的膨胀,这既是硅基负极材料高容量的来源,也是其结构稳定性的挑战。为了应对这一挑战,研究者们通过纳米结构设计、复合材料的制备以及表面改性等手段来优化硅基负极材料的性能。纳米结构设计能够缩短锂离子和电子的传输路径,提高反应速率,并有效缓解体积膨胀带来的应力。与此同时,复合材料如硅碳复合材料,能够利用碳材料的稳定性来缓冲硅的体积变化,增强电极的循环稳定性。此外,表面改性技术也是提高硅基负极材料性能的重要手段。通过在硅材料表面形成稳定的固体电解质界面(SEI),可以减少电解液与硅的直接接触,从而降低不可逆的锂离子消耗和电解液的分解。这不仅提高了电池的首次库仑效率,还有助于延长电池的循环寿命。

(二)微观形貌特征

1. 硅颗粒的尺寸与形态

硅颗粒的尺寸直接影响锂离子在材料中的扩散效率和电化学反应的速率。较小的颗粒尺寸意味着更大的比表面积,为锂离子提供了更多的反应位点,从而加速了电化学反应。同时,小尺寸的硅颗粒也能更有效地缓解锂化过程中的体积膨胀,减少材料在充放电过程中的结构应力,进而提高电池的循环稳定性。从形态上来看,硅颗粒可以是球状、片状、多孔状等多种形态。球状颗粒由于其均匀的形态和较少的尖锐边角,有助于减少在锂化过程中的应力集中,从而提高材料的结构稳定性。片状硅颗粒则具有较大的比表面积,有利于增加锂离子嵌入和脱出的反应速率。多孔硅颗粒则能够提供更多的锂离子存储空间,进一步提高电池的容量。在实际应用中,通过精确控制硅颗粒的制备工艺条件,如温度、压力、反应时间等,可以实现对硅颗粒尺寸和形态的精确调控。这种调控不仅影响硅基负极材料的电化学性能,还直接关系到电池的制造成本和安全性。因此,对硅颗粒尺寸与形态的研究和优化是提升硅基负极材料性能的重要途径。此外,硅颗粒的尺寸和形态还会影响其与电解液的接触面积和浸润性,进而影响电池的充放电效率和稳定性。因此,在选择和设计硅基负极材料时,需要综合考虑硅颗粒的尺寸、形态以及与之相关的电化学性能、制造成本和安全性等因素。

2. 硅基材料的外表结构

硅材料的表面结构复杂多变,可以呈现出多种形态,如粗糙、多孔或具有特定纳米结构等。这些表面结构直接影响着硅与电解液的接触面积、浸润性以及锂离子在材料表面的嵌入和脱出过程。硅基材料的表面特性,如亲疏水性、电导率等,也是影响电池性能的关键因素。亲水性的表面有利于电解液的浸润和锂离子的传输,从而提高电池的充放电效率。而高电导率的表面则有助于降低内阻,提升电池的功率性能。此外,硅基材料的表面还可能经过特殊处理,如涂层、掺杂等,以进一步改善其电化学性能。例如,通过在硅表面涂覆一层碳材料,可以提高硅基负极的导电性和结构稳定性,减少硅在充放电过程中的体积变化。这种表面处理技术为硅基负极材料的性能优化提供了更多可能性。

二、硅基负极材料的性能特点

（一）电化学性能

1. 充放电性能分析

在分析硅基负极的充放电性能时，应重点考察其比容量、充放电效率和电压平台等关键指标。硅基负极材料因其高的理论比容量而备受关注，但实际应用中，其充放电过程常伴随着巨大的体积变化，这会影响电极的完整性和电池的循环寿命。因此，在充放电性能测试中，需要密切关注硅基负极在不同充放电状态下的结构变化。充放电效率是另一个重要指标，它反映了锂离子在嵌入和脱出过程中的可逆性。高效率意味着更少的锂离子在充放电过程中被消耗，这对于提高电池的能量密度和延长使用寿命至关重要。同时，电压平台的稳定性也影响着电池的实际应用效果，稳定的电压平台意味着电池在工作过程中能提供稳定的电压输出。为了提高硅基负极的充放电性能，研究者们尝试了多种方法，包括纳米化、复合材料的制备以及表面改性等。这些方法旨在减少硅在锂化过程中的体积膨胀，提高电极的导电性和结构稳定性。通过这些技术手段的应用，硅基负极的充放电性能得到了显著提升，为高性能锂离子电池的发展奠定了坚实的基础。

2. 循环稳定性评估

由于硅材料在充放电过程中会发生显著的体积变化，这往往导致电极结构的破坏和容量的迅速衰减，从而影响电池的循环寿命，这就需要评估硅基负极的循环稳定性。在循环稳定性测试中，通常通过长周期充放电实验来模拟电池在实际使用中的情况。这些实验能够揭示硅基负极在多次充放电过程中的容量保持率、容量衰减速度以及电极结构的稳定性。为了提高硅基负极的循环稳定性，研究者们采取了多种策略，如设计纳米结构、引入缓冲层或制备复合材料等，以减轻体积变化带来的应力，并增强电极的机械强度。此外，优化电解液配方可以改善固体电解质界面(SEI)的形成，进而减少锂离子和电解液的消耗，提高电池的循环效率。通过这些措施，硅基负极的循环稳定性得到了显著提升，为高性能锂离子电池的商业化应用提供了有力支持。

3. 倍率性能研究

硅基负极材料因其高比容量而受到广泛关注，但其倍率性能往往受到锂离子扩散速率和电子传导能力的限制。通过纳米化、多孔结构设计以及与其他高导电性材料的复合，可以有效提升硅基负极的锂离子扩散速率和电子传导能力。此外，改进电解液的配方和使用添加剂也有助于提高电池的倍率性能。倍率性能的测试通常包括在不同电流密度下进行充放电实验，以评估电池在不同倍率下的容量保持率和能量效率。通过这些测试，可以深入了解硅基负极材料在不同应用场景下的性能表现，并为高性能锂离子电池的设计和优化提供重要参考。

（二）物理性能

1. 密度与比表面积

硅基负极材料作为现代电池技术的关键组成部分，其物理性能对电池的整体性能具有重要影响。其中，密度与比表面积是两个尤为关键的物理参数，它们直接关联到材料的储锂能力、能量密度以及电池的运行效率。密度是单位体积内材料的质量，对于硅基负极材料而言,高密度通常意味着更高的能量密度和更紧凑的电池设计。硅的理论密度较低,约为 2.33 克/立方厘米,但在实际应用中,硅基负极材料的密度受到多种因素的影响,如硅的纳米化、与碳或其他材料的复合等。纳米化硅材料可以通过减小颗粒尺寸来增加活性物质的密度,而复合材料则可以通过优化组分比例和结构设计来提高整体密度。高密度的硅基负极材料不仅能够提升电池的能量密度,还有助于减小电池体积和重量,从而增强电池的实际应用性能。比表面积是指单位质量材料所具有的表面积,它对于硅基负极材料的电化学性能有着重要影响。高比表面积意味着硅基负极材料能够提供更多的反应活性位点和更快的锂离子传输通道。在硅纳米化过程中,随着颗粒尺寸的减小,比表面积会显著增加,这有助于提升材料的储锂能力和充放电速率。此外,比表面积的增加还能促进电解液与硅基负极材料之间的充分接触,提高电池的循环稳定性和安全性。因此,在硅基负极材料的制备过程中,通过控制材料的形貌和结构来优化比表面积,是提升电池性能的关键之一。

2. 热稳定性与机械强度

热稳定性是指材料在高温或低温环境下保持其结构和性能稳定的能力。对于硅基负极材料而言,热稳定性直接关系到电池在充放电过程中的热管理和安全性。硅在充放电过程中会产生大量的热量,如果材料的热稳定性不足,可能导致电池热失控,进而引发安全事故。因此,提高硅基负极材料的热稳定性是确保电池安全运行的关键,可以通过选择具有高热稳定性的材料作为复合组分、优化材料的微观结构以及引入热阻材料等途径实现。机械强度是指材料抵抗外部机械力作用而不发生破坏的能力。在电池中,硅基负极材料需要承受充放电过程中体积变化所产生的应力,如果机械强度不足,可能导致材料结构破坏和电池性能衰退。因此,增强硅基负极材料的机械强度是提升电池循环稳定性和寿命的重要途径,可以通过纳米结构设计、引入弹性基体材料以及表面改性等手段实现。例如,将硅纳米颗粒嵌入弹性碳基体中,可以通过碳基体的弹性变形来缓冲硅的体积变化,从而提高材料的机械强度。

第三节　硅基负极材料的制备方法

一、硅基负极材料制备方式与方法

(一)前驱体合成

1. 硅源选择与预处理

硅源的种类和质量直接影响到后续合成硅基前驱体的纯度和性能。通常,工业级硅粉、硅块或硅化合物都可作为硅源。选择硅源时,需考虑其纯度、粒径分布、比表面积以及化学稳定性等多个因素。预处理阶段主要是对所选硅源进行清洁和活化,清洁过程旨在去除硅源表面的杂质和氧化物,以提高后续化学反应的效率和纯度。常用的清洁方法包括酸洗、碱洗或溶剂萃取等,这些方法能够有效地去除硅源表面的油污、金属离子和其他污染物。活化过程则是为了增强硅源的反应活性,通常通过物理或化学方法对硅源进行处理。物理方法如球磨、研磨等可以减小硅源的粒径,增加其比表面积,从而提高反应效率。化学方法则包括使用化学试剂对硅源进行表面处理,以引入特定的官能团或改变其表面性质,为后续化学反应创造有利条件。预处理后的硅源应具有高的纯度和良好的反应活性,为后续硅基前驱体的合成奠定坚实的基础。通过精心选择和预处理硅源,可以显著提高硅基负极材料的电化学性能和稳定性,从而满足高性能锂离子电池的需求。

2. 硅基前驱体的化学合成途径

硅基前驱体的化学合成是制备硅基负极材料的关键步骤,其合成途径多样,包括溶胶–凝胶法、化学气相沉积、水热法等。这些方法的选择取决于所需的硅基前驱体的性质以及后续的电池应用要求。溶胶–凝胶法是一种常用的合成方法,通过将硅源溶解在溶剂中形成溶胶,再经过凝胶化、干燥和热处理等步骤,得到多孔、高比表面积的硅基前驱体。这种方法制备的硅基材料具有较高的纯度和均匀的化学组成,适用于高性能锂离子电池的负极材料。化学气相沉积法是通过气相反应在基底上沉积硅基材料,该方法可以制备出纯净且结晶度高的硅基前驱体,同时可以通过控制沉积条件来调节材料的形貌和微观结构。这种方法的优点在于可以制备出高质量的硅薄膜或纳米结构,有助于提高电池的容量和循环稳定性。水热法是在高温高压的水热条件下,通过化学反应合成硅基前驱体。该方法可以制备出具有特殊形貌和结构的硅基材料,如纳米线、纳米球等。这些特殊结构的硅基材料具有较高的比表面积和优异的电化学性能,适用于高性能锂离子电池的负极材料。

(二)纳米化与形貌控制

1. 粒径调控技术在硅基负极材料纳米化中的应用

硅基负极材料因其高理论比容量、环境友好等特性,在锂离子电池领域展现出巨大潜力。实现其有效纳米化,特别是在粒径调控方面的精细操作,对提升电化学性能、增强循环稳定性具有至关重要的作用。本文将深入探讨粒径调控技术在硅基负极材料纳米化过程中的具体应用及影响。粒径调控是硅基负极材料纳米化的核心环节之一,旨在通过精确控制颗粒尺寸,优化材料的电化学反应活性表面积、缩短锂离子扩散路径、缓解体积膨胀效应等关键性能指标。目前,科研工作者已开发出多种行之有效的粒径调控技术,主要包括溶胶-凝胶法、溶液燃烧法、机械球磨法以及模板引导法等。溶胶-凝胶法是一种典型的液相合成手段,通过控制前驱体溶液的浓度、pH 值、水解速度以及热处理条件等参数,可实现对硅基颗粒粒径的精准调控。该方法有利于形成均匀且粒度分布窄的纳米颗粒,有助于改善电极材料的电化学性能一致性。例如,通过调整溶剂种类和用量、添加表面活性剂或络合剂,可以调控溶胶体系的稳定性和黏度,进而影响最终产物的粒径大小。溶液燃烧法,又称为溶剂热法或喷雾热解法,利用高温下有机溶剂的快速氧化放热引发前驱体的自组装与燃烧反应,实现硅基颗粒的瞬时成核与生长。通过精确控制燃烧温度、时间以及氧气气氛等因素,能够制备出粒径均一、结构稳定的纳米硅颗粒。此外,溶液燃烧过程中产生的高温环境有助于减少杂质元素的残留,提高材料纯度,进一步优化电化学性能。

　　机械球磨法则是通过高强度机械力作用使大块硅原料破碎细化,并在球磨介质(如氮气、惰性气体或油性液体)中进行长时间研磨,实现硅颗粒的纳米化。此法的关键在于选择合适的球磨参数(如球料比、球磨转速、研磨时间等),以达到目标粒径范围,同时避免过磨导致的颗粒团聚问题。为改善硅基材料的电导率和分散性,通常还需后续进行适当的表面改性处理。模板引导法借助特定的模板材料(如聚合物、无机盐晶体、碳纳米管等)作为"模具",通过填充、沉积、蚀刻等步骤,制得具有特定形状和粒径的硅基纳米结构。这种方法尤其适用于构建复杂三维纳米结构,如空心球、多孔微球、核壳结构等,这些特殊形貌有助于缓冲体积变化、提高电子/

离子传输效率,从而显著提升硅基负极的循环稳定性。

2. 形貌工程策略在硅基负极材料设计中的实践

硅基负极材料的形貌直接影响其比表面积、孔隙率、晶粒尺寸等物理特性,进而影响锂离子的吸附、脱嵌效率以及电子传输速率。因此,研究人员致力于通过各种形貌工程策略,如制备空心、核壳、分级多孔、片状、纤维状等特殊结构,以期优化硅基负极的电化学行为。空心结构硅基负极通过牺牲模板法、硬模板法或软模板法实现,其内部的空腔能够在充放电过程中为体积膨胀提供足够的空间缓冲,有效减轻由体积变化引起的结构破坏,从而提高循环稳定性。同时,空心结构增大了比表面积,有利于增加活性物质与电解质接触面积,促进锂离子快速传输。核壳结构硅基负极通常由硅核心和保护外壳(如碳、金属氧化物、聚合物等)组成。外壳层不仅能限制硅颗粒的体积膨胀,还能提供良好的电子传导路径,降低界面阻抗。此外,部分外壳材料(如碳)还具备优异的锂离子储存能力,可辅助硅核心实现高效储锂。

分级多孔硅基负极通过溶胶-凝胶法、水热法、电化学沉积等途径制备,其内部存在多层次、不同尺度的孔隙网络。这种结构既有利于电解液渗透,确保锂离子充分到达活性物质内部,又能为硅颗粒的体积膨胀提供足够的容纳空间,从而增强循环稳定性。同时,丰富的孔道也有助于缓解充放电过程中产生的应力集中,降低材料粉化风险。片状和纤维状硅基负极主要通过化学气相沉积、电纺丝等方法制备,其一维或二维的延伸形态有助于缩短锂离子扩散距离,提高倍率性能。此外,此类结构在一定程度上能抑制体积膨胀所引起的应力累积,提高电极的整体机械强度。除了上述特殊形貌外,表面工程技术也被广泛应用于硅基负极材料的形貌优化,如包覆碳层、引入杂原子掺杂、构造表面梯度功能层等,以改善电极-电解质界面性质,提高电荷转移效率,进一步提升硅基负极的电化学性能。

（三）复合化技术

1. 硅/碳复合材料的制备方法以及类型

（1）核壳结构、层状结构等

1）核壳结构

采用化学气相沉积（CVD）、溶胶-凝胶法、电泳沉积等技术，将碳源（如甲烷、乙炔、酚醛树脂等）沉积或包裹在硅核表面，形成厚度可控的碳壳层。核壳结构既能防止硅颗粒破裂，又能通过碳壳的连续性改善电荷传输。

2）层状结构

硅/碳复合材料作为硅基负极材料的重要分支，通过巧妙结合硅的高比容量特性和碳材料的优良电导性、结构稳定性和良好的机械柔韧性，有效地克服了硅基材料在实际应用中因体积膨胀和电导率低而引发的问题。包覆型硅/碳复合材料的设计理念在于通过在硅粒子表面构筑一层或多层碳包覆层，以隔离硅主体与电解液直接接触，减缓副反应的发生，同时为硅的体积变化提供缓冲空间。而层状结构是通过层层自组装技术，交替沉积硅源和碳源，形成类似洋葱皮般的多层结构。每一层硅都被相邻碳层紧密包裹，不仅提高了结构稳定性，而且由于多层间的相互约束，能在一定程度上抑制硅的体积膨胀。

（2）硅碳共混、互穿网络等

1）硅碳共混

混合型硅/碳复合材料通过物理或化学方式将硅颗粒与碳基材料均匀混合，形成相互交织的复合网络。这类复合材料的特点是硅与碳之间的界面接触更为广泛，有利于电子传递和锂离子扩散。而硅碳共混是指将硅粉与碳黑、石墨、碳纳米纤维等碳材料机械混合，然后通过球磨、热压、烧结等工艺制备成均匀分布的复合粉末。共混过程中可能辅以溶剂、黏结剂或偶联剂,以增强硅与碳之间的结合力。

2)互穿网络

通过原位生长、溶剂蒸发诱导自组装、熔融共混等方式,构建硅与碳之间相互贯穿的三维网络结构。例如,将硅源与碳纳米管、石墨烯等高导电碳材料溶液混合,干燥后形成硅颗粒镶嵌在碳网络中的复合材料,或者通过熔融共混法制备硅与石墨烯复合的热塑性塑料,随后热处理得到互穿网络结构。

(3)石墨烯、碳纳米管、介孔碳等

1)石墨烯负载硅

多功能碳基载体以其独特的结构特点(如高比表面积、优异电导、良好机械性能)被广泛用于负载硅颗粒,形成高效的硅/碳复合负极材料。而石墨烯负载硅是指利用溶液插层、液相剥离、超声分散等方法制备石墨烯悬浮液,再加入硅源进行共沉淀、溶剂热反应或电化学沉积,使硅颗粒均匀分布在石墨烯片层之间或边缘。

2)碳纳米管负载硅

通过静电吸附、化学键合、电泳沉积等手段,将硅颗粒附着于碳纳米管表面或内腔,形成一维轴向或径向分布的硅/碳纳米管复合材料。

3)介孔碳负载硅

采用溶胶-凝胶法制备硅前驱体,将其填充到预制备的介孔碳骨架中,随后经过热处理转化为硅/介孔碳复合材料。介孔碳的有序孔道结构有利于锂离子快速传输,同时为硅的体积膨胀提供通道。

2. 硅与其他助剂复合

(1)导电添加剂(金属、金属氧化物、导电聚合物等)

1)金属纳米颗粒修饰

通过化学还原、电沉积、溅射等方法在硅表面沉积金属(如铜、镍、钛等)纳米颗粒,形成硅/金属复合材料。金属纳米颗粒不仅能增强电导,还可作为锂离子存储点,提高整体容量。

2)金属氧化物掺杂

在硅粉中加入适量的金属氧化物(如 Al_2O_3、TiO_2、MgO 等),通过球磨混合、热处理等方式使其与硅发生界面反应,生成硅/金属氧化物复合材料。金属氧化物不仅能改善电导,还可以稳定 SEI 膜,提高循环稳定性。

3)导电聚合物包覆

通过原位聚合、溶液涂覆、电化学聚合等方法,将聚吡咯、聚苯胺、聚噻吩等导电聚合物覆盖在硅颗粒表面,形成硅导电聚合物复合材料。导电聚合物不仅提供良好的电导路径,还能缓解体积膨胀,增强界面稳定性。

(2)缓冲剂与黏结剂

1)聚合物缓冲剂

选用具有弹性的聚合物(如聚环氧乙烷、聚丙烯酸酯等)与硅粉混合,通过溶液浇铸、热压成型等工艺制备复合电极。聚合物在充放电过程中能够适应硅的体积变化,起到缓冲作用。

2)无机缓冲剂

在硅粉中添加无机陶瓷颗粒(如 SiO_2、Al_2O_3、ZrO_2 等),通过球磨混合、热压烧结等步骤制备复合材料。无机缓冲剂具有良好的热稳定性和机械强度,能够分散应力,稳定电极结构。

3)黏结剂优化

使用新型黏结剂(如 PVDF-HFP、SBR、CMC 等)替代传统PVDF,通过改进浆料配方和涂布工艺,提高硅基电极的加工性能和电化学性能。新型黏结剂通常具有更好的润湿性、更高的电导率和更强的耐电解液腐蚀性。

（3）功能性涂层

1）SEI引导层

通过化学气相沉积、溶液浸泡、电化学预锂化等手段，在硅表面预先形成一层富含 LiF、Li_2CO_3 等成分的薄层，引导后续形成稳定的固态电解质界面（SEI）。这种引导层能减少首次充放电过程中的副反应，提高首次库仑效率。

2）抗氧化层

采用原子层沉积（ALD）、磁控溅射、溶液旋涂等技术，在硅表面沉积一层抗氧化金属氧化物（如 Al_2O_3、ZrO_2 等）或氮化物（如 AlN、TiN 等）。抗氧化层能够阻挡电解液与硅的直接接触，延缓硅氧化，提高电极的抗氧化能力。

（四）工艺优化与规模化制备

1. 连续化生产工艺

连续化生产工艺在硅基负极材料的制备中扮演着至关重要的角色。这种工艺的核心在于实现各生产环节的紧密衔接与高效协同方面，从而确保产品质量的稳定性和生产效率的最大化。在硅基负极材料的连续化生产工艺中，原料的连续供给、反应过程的连续进行以及产品的连续输出是关键环节。通过精确控制原料的配比和供给速度，可以确保在反应过程中硅基材料的均匀性和一致性。同时，采用自动化的反应设备和监控系统，能够实时监控反应过程中的温度、压力、流量等关键参数，及时调整操作条件，以保障产品质量。随着市场需求的变化和技术进步，生产线能够快速调整以适应不同规格和性能要求的硅基负极材料生产。这种灵活性不仅有助于企业快速响应市场变化，还能降低生产成本，提高市场竞争力。在实施连续化生产工艺时，还需要注重节能减排和环境保护。通过优化生产流程、提高设备效率、采用环保材料等方式,可以降低生产过程中的能耗和废弃物排放,实现绿色、可持续发展。

2. 设备选型与生产线设计

在硅基负极材料的规模化制备中,设备选型和生产线设计是至关重要的环节。合理的设备选型能够确保生产过程的稳定性和高效率,而科学的生产线设计则能实现生产流程的顺畅与高效。设备选型时,应充分考虑设备的性能、精度、稳定性和维护成本。针对硅基负极材料的生产特点,选择能够满足生产需求、具有高自动化程度和低能耗的设备是至关重要的。例如,反应釜、干燥机和粉碎机等关键设备,都需要根据生产规模和产品特性进行精心选择。同时,设备的易维护性和使用寿命也是选型过程中不可忽视的因素。生产线设计方面,应注重生产流程的合理性、生产能力的可扩展性以及生产环境的友好性。合理的生产流程能够确保各生产环节之间的顺畅衔接,减少生产过程中的瓶颈和浪费。生产能力的可扩展性则要求生产线能够适应未来市场需求的变化,方便进行产能的扩充或缩减。此外,生产环境的友好性也是设计过程中需要考虑的重要因素,包括降低噪声、减少粉尘污染、提高能源利用效率等。

二、提升硅基负极性能的措施

(一)新型电解液添加剂

1. 新型电解液添加剂对硅负极 SEI 膜稳定性的影响

在锂离子电池中,硅负极因高比容量而备受关注,然而在充放电过程中的巨大体积变化导致了电极结构的破坏和容量的快速衰减。为了解决这一问题,研究人员致力于通过电解液添加剂来稳定硅负极表面的固态电解质间相(SEI)膜。这种膜能够在硅负极表面形成一层保护层,防止电解液直接与硅反应,从而提高电极的循环稳定性。在众多电解液添加剂中,氟代碳酸乙烯酯(FEC)因其卓越的性能而备受瞩目。FEC 具有较高的还原电位,这意味着在电池充放电过程中,它会优先于其他添加剂在硅负极表面还原,形成一层含有氟化锂(LiF)和其他含氟有机物的 SEI 膜。这层膜的形成不仅对硅负极起到了保护作用,还能有效限制其他添加剂的还原,从而在一定程度上减少了 SEI 膜的总生成量。这种减少不仅提高了电极的库伦效率,还有助于提升电池的整体性能。然而,FEC 的添加量并非越多越好。研究表明,随着 FEC 含量的增加,虽然电极的循环稳定性和库伦效率有所提高,但首圈库伦效率却会出现一定程度的下降。这主要是因为过多的 FEC 在形成 SEI 膜时会分解,导致更多的不可逆容量损失和不良锂离子导体材料 LiF 的生成。因此,在电解液中添加适量的 FEC 至关重要,以确保在提升电极性能的同时,不损害其首圈库伦效率。

2. 电解液添加剂 FEC 在全电池中的应用及安全考量

在探讨新型电解液添加剂对硅负极性能的影响时,不得不提的是氟代碳酸乙烯酯(FEC)在全电池中的应用及其相关的安全考量。FEC 作为一种有效的电解液添加剂,在全电池中发挥着重要作用,能够显著提升硅负极的循环稳定性和库伦效率。然而,在实际应用中,需要精确控制 FEC 的添加量,以避免可能产生的安全问题。在全电池中,适量添加 FEC 能够形成稳定的 SEI 膜,保护硅负极免受电解液的直接侵蚀,从而提升电池的整体性能。然而,当 FEC 添加过多时,可能会产生过量的氢氟酸(HF)和其他气体。这些气体不仅会加速正极材料的失效,还可能引发电池内部的压力增加,导致电池膨胀甚至爆炸,从而产生严重的安全隐患。因此,在全电池设计中,必须谨慎选择 FEC 的添加量。这一选择需要综合考虑电池的性能提升和安全性之间的平衡。此外,还需要对电池进行严格的安全测试,以确保在各种工作条件下电池都能保持稳定和安全。通过这些措施,可以充分发挥 FEC 作为电解液添加剂的优势,同时保障锂电池的安全性和稳定性。

(二)预锂化技术对硅基负极材料性能的提升

1. 预锂化技术对硅基负极材料首圈库伦效率的提升

在锂离子电池领域,硅基负极材料因其高比容量而备受瞩目,然而其首圈库伦效率相对较低,这成为制约硅基负极材料商业化应用的一大难题。预锂化技术的出现,为解决这一问题提供了有效途径。预锂化技术,顾名思义,是在电极进行充放电循环前预先嵌入一定量的锂。这一技术的核心在于通过提前向负极材料中引入锂,以补充在充放电过程中由于副反应和 SEI 膜生成所消耗的锂,从而提高电极的首圈库伦效率。这种预先嵌入的锂不仅有效地减少了首次充放电过程中的不可逆容量损失,还使得负极材料在首次循环中能够更充分地发挥其高比容量的优势。Choi 等人的研究展示了预锂化技术的精细控制,通过电压监控对碳包覆的 SiO_x 进行了程度可控的预锂化,实现了高达 94.9% 的首圈库伦效率,且没有损失 SiO_x 的结构稳定性。这一成果不仅证明了预锂化技术在提升硅基负极材料首期库伦效率方面的有效性,还展示了该技术在保持材料结构稳定性方面的潜力。此外,Cui 等人的研究也进一步证实了预锂化技术的实用性,采用简易的自放电机制对硅纳米线进行了预锂化,并将硅纳米颗粒与预锂化硅纳米线以一定比例复合作为锂离子电池负极的活性物质。这种复合材料作为活性材料的电极其首圈库伦效率高达 96.8%,远高于单纯纳米硅颗粒的首圈库伦效率。这一研究不仅为硅基负极材料的实际应用提供了有力支持,还为预锂化技术的进一步推广和应用提供了重要依据。

2. 主流电池厂商对预锂化技术的研究与应用

随着锂离子电池技术的不断发展,主流电池厂商对预锂化技术的研究也越来越深入。以宁德时代、Tesla-Maxwell 等为代表的企业,纷纷投入大量资源进行预锂化技术的研发和应用,旨在通过这一技术提升硅基负极材料的首圈库伦效率,进而提高电池的整体性能。宁德时代作为国内领先的电池制造商,一直致力于锂离子电池技术的创新和研发。在预锂化技术方面,宁德时代通过深入研究和实践,成功将该技术应用于其生产的硅基负极材料中。这一技术的应用不仅显著提高了电池的首圈库伦效率,还进一步提升了电池的能量密度和循环寿命,为用户提供了更加优质的使用体验。Tesla-Maxwell 作为全球知名的电动汽车和能源存储解决方案提供商,也一直在积极探索预锂化技术在硅基负极材料中的应用。通过不断优化预锂化工艺和参数,Tesla-Maxwell 成功提高了其电池产品的首圈库伦效率和整体性能,为电动汽车的续航里程和性能提升做出了重要贡献。这些主流电池厂商的研究和应用实践表明,预锂化技术在提升硅基负极材料首圈库伦效率方面具有显著效果。随着技术的不断进步和应用的深入,预锂化技术有望在锂离子电池领域发挥更大的作用,推动整个行业的持续发展和创新。

第二章 黏结剂的基本原理与性能要求

第一节 黏结剂在硅基负极材料中的性能要求

一、黏结剂的基本性能要求

(一)黏结剂黏附性能

1. 黏结剂对硅基材料的黏附力

(1)化学相容性与界面作用

硅基负极材料因其显著的理论比容量优势,在锂离子电池领域备受关注。然而,硅基材料在充放电过程中体积变化剧烈(可达300%以上),这对黏结剂提出了严苛的要求。理想的黏结剂应具备卓越的对硅基材料黏附性能,确保在循环过程中能够有效抵抗由于体积膨胀导致的活性物质剥离、颗粒破碎以及内部电阻增加等问题,从而维持电极结构稳定性和电化学性能。有效的黏附始于黏结剂与硅基材料间良好的化学相容性,选择或设计黏结剂时需考虑其与硅表面的化学亲和性,确保两者之间能形成稳定的化学键或氢键等相互作用。例如,通过引入特定官能团或侧链,使黏结剂分子能够在硅表面形成牢固吸附层,增强界面黏合力。此外,黏结剂应当能够在电解液环境下保持稳定,避免因电解液侵蚀而导致黏附界面失效。

（2）网络结构与弹性适应性

鉴于硅基材料的大体积变化特性,黏结剂需具备高度可拉伸的网络结构以实现对这种应力的有效缓冲。线性或支化高分子可通过交联反应形成三维网络,赋予黏结剂足够的弹性和韧性。这种网络结构不仅能在硅颗粒膨胀时提供必要的变形空间,还能在收缩时恢复原状,减少黏结界面的应力集中,保持长期稳定的黏附状态。

（3）均匀涂覆与紧密接触

优秀的黏结剂应能在浆料混合过程中均匀分散,并在涂布干燥后形成致密且连续的黏结层,确保硅颗粒之间以及颗粒与集流体之间的紧密接触。黏结剂的溶液性质(如溶解性、黏度、触变性等)对此至关重要,适宜的流变性能有助于在涂布过程中形成均匀的涂层,减少孔隙率,提高黏附面积和接触强度。

2. 黏结剂对集流体的黏附力

（1）化学键合与物理吸附

集流体作为锂离子电池电极的重要组成部分,承担着收集并传导电流的任务。黏结剂对集流体的强黏附力对于构建稳定、高效的电极结构至关重要。这一黏附性能直接影响活性物质与集流体间的电荷传递效率、电极的整体机械强度以及在电池循环过程中的结构稳定性。黏结剂与集流体(通常是铝箔或铜箔)之间的黏附基于化学键合和物理吸附双重机制。化学键合涉及黏结剂分子与集流体表面金属氧化物或其他官能团发生化学反应,形成稳定的化学键。物理吸附则依赖于范德华力、氢键等弱相互作用以及黏结剂在集流体表面形成的机械嵌锁效应。理想的黏结剂应同时具备这两种黏附方式,确保在复杂电化学环境中仍能保持持久的黏附强度。

（2）表面润湿性与界面浸润

良好的表面润湿性是保证黏结剂充分覆盖集流体表面并形成牢固黏附层的前提。黏结剂溶液应能良好地润湿集流体，形成均匀且无孔洞的涂层。为此，黏结剂的溶剂选择、溶液配方以及涂布条件（如湿度、温度等）需精心设计，以促进集流体表面的完全浸润，消除界面处的空气滞留，增强黏附力。

（3）黏结剂固化后的机械性能

黏结剂在干燥固化后应展现出优良的机械性能，包括抗剪切强度、抗拉强度和耐冲击性等。这些性能决定了电极在卷绕、堆叠等制造过程中以及电池服役期间承受机械应力的能力。黏结剂的交联程度、分子量分布以及填料（如导电剂、增韧剂等）的选择与配比均对最终固化膜的机械性能有直接影响，进而影响到对集流体的黏附牢度。

（二）黏结剂柔韧性与延展性

1. 应对硅体积变化的能力

黏结剂的柔韧性是指其能够随着被黏结材料的形变而形变，进而不产生断裂或破损的能力。在硅负极中，硅的体积会随着锂离子的嵌入和脱出而发生巨大变化，这就要求黏结剂必须具备良好的柔韧性，以适应这种变化。柔韧性好的黏结剂能够在硅体积变化时保持连续的黏结网络，有效防止活性物质从集流体上脱落，从而保证电池的稳定运行。延展性则是黏结剂在受到外力作用时能够延伸而不破裂的性能。在锂离子电池中，硅的体积变化会产生巨大的应力，如果黏结剂没有足够的延展性，就很容易在这些应力的作用下发生断裂。因此，具有高延展性的黏结剂能够有效地吸收和分散这些应力，保护电极结构不受破坏。针对硅体积变化的问题，科研人员和工程师们致力于开发具有优异柔韧性和延展性的黏结剂。这些黏结剂通常具有高分子量和复杂的交联结构,这使得它们能够在硅体积变化时提供足够的弹性和延展性。通过这种方式,黏结剂不仅能够保持电极的完整性,还能延长电池的循环寿命,提高电池的整体性能。

2. 保持电极结构完整性的作用

黏结剂的柔韧性使得它能够随着电极材料的膨胀和收缩而灵活变化,从而保持电极内部的紧密连接。在充放电过程中,电极材料会发生体积变化,如果黏结剂缺乏柔韧性,就可能导致电极内部的连接断裂,进而影响电池的性能。柔韧性好的黏结剂则能够有效缓冲这些体积变化带来的应力,确保电极结构的连续性。同时,黏结剂的延展性也是保持电极结构完整性的关键因素。延展性好的黏结剂能够在电极受到外力作用时,如温度变化或机械应力,有效地延展而不易破裂。这种延展性不仅能够防止电极材料因外力作用而剥离或断裂,还能保持电极内部的导电网络和活性物质的紧密接触,从而确保电池的稳定运行。为了实现电极结构的完整性,科研人员和工程师们不断探索新型的黏结剂材料,力求在保证良好黏结力的同时,提高黏结剂的柔韧性和延展性。这些高性能黏结剂的应用,不仅能够显著提升电池的性能和寿命,还能为下一代高性能电池的开发提供有力的技术支持。因此,黏结剂的柔韧性和延展性在保持电极结构完整性方面的重要性不言而喻。

（三）黏结剂耐温性能

1. 黏结剂在高温下的稳定性

（1）热分解与热氧化抵抗性

高温下,黏结剂材料可能发生热分解或与氧气发生热氧化反应,导致其化学结构破坏、质量损失及性能衰退。理想的高温黏结剂应具有高热分解温度和良好的抗氧化能力。这通常需要选用具有高热稳定性的化学键(如碳-碳键、硅-氧键等)构成的聚合物骨架,以及添加抗氧化添加剂来抑制自由基生成和链式氧化反应的发生。

(2)热膨胀系数匹配与内应力管理

不同材料在升温时的热膨胀系数差异可能导致黏结界面产生应力,严重时会导致黏接失效。因此,高温黏结剂应具有与被黏结材料接近的热膨胀系数,以减少因热膨胀失配引起的应力集中。同时,具备一定的塑性和蠕变性能有助于吸收和分散由热膨胀产生的应力,维持黏接系统的完整性。

(3)耐热老化与热疲劳抵抗性

长期处于高温环境下,黏结剂可能经历热老化过程,表现为力学性能下降、黏附力减弱等。优质的高温黏结剂应表现出较低的老化速率,即使在反复热循环条件下也能保持良好的黏结性能。此外,具备抗热疲劳能力意味着黏结剂在经历温度波动时,能够有效抵抗因热应力反复作用引起的疲劳损伤,确保在多次热循环后仍能保持稳定的黏接性能。

(4)热导率与热绝缘性能

根据不同应用需求,黏结剂可能需要具备特定的热导率。在某些高温设备中,如热交换器、电子封装等领域,高热导率黏结剂有助于快速散热,防止局部过热;而在隔热材料黏接或热敏感元件封装应用中,则要求黏结剂具备良好的热绝缘性能,限制热量传递。

(5)热态力学性能保持

高温下,黏结剂应保持适度的模量和强度,以抵抗外部载荷而不至于软化或脆化导致黏接失效。这涉及黏结剂的玻璃化转变温度(Tg)、熔点等热力学参数的选择,以及通过共混、交联、填充等方法调整其高温力学性能。

(6)化学环境适应性

在高温伴随特定化学气氛(如酸、碱、蒸汽、还原/氧化气氛等)的工况下,黏结剂必须具备相应的化学稳定性,防止在恶劣化学环境下发生腐蚀、溶解或催化降解等现象,确保黏接体系的长期稳定。

2. 黏结剂在低温下的柔韧性保持

(1)低玻璃化转变温度(Tg)与橡胶相含量

低温环境对黏结剂的柔韧性提出了特殊要求,特别是在航空航天、深海探测、极地科研、低温存储设施等低温工程领域,黏结剂需在低温下保持足够的柔韧性以适应材料的热胀冷缩、抵抗低温脆断,并确保黏接部位的密封性和功能性。低温柔韧性主要取决于黏结剂的分子链运动能力。具有较低玻璃化转变温度(Tg)的黏结剂在低温下仍能保持部分链段的活动性,从而保持柔韧性。此外,含有橡胶相(如弹性体、热塑性塑料等)的复合型黏结剂,如热塑性树脂与橡胶的共混物或嵌段共聚物,由于橡胶相的存在,可在低温下提供良好的柔性与回弹性。

(2)分子链结构与结晶性

分子链的刚性、长度、支化度以及是否存在结晶区域等因素均会影响黏结剂在低温下的柔韧性。柔性链段(如长链烷基、醚基、酯基等)和非晶区的存在有助于降低材料的脆性,提高低温下的延展性和韧性。适当地设计和调控分子链结构,如引入柔性链节、控制结晶度,可优化黏结剂在低温下的力学行为。

(3)添加剂与增塑剂的作用

加入适当的增塑剂、塑化剂或抗冻剂,可以降低黏结剂的玻璃化转变温度,增加低温流动性和柔韧性。这些添加剂通过插入到分子链间或与链段形成较强的相互作用,削弱分子间作用力,使得黏结剂在低温下仍能保持较好的流动性。选择与主体树脂相容性好、低温挥发性小、低温迁移性低的增塑剂尤为重要。

(4)交联程度与交联类型

适当的交联程度和交联类型对低温柔韧性至关重要。过度交联可能导致黏结剂在低温下过于刚硬,易发生脆性断裂;而适度的交联结构可以提供必要的机械支撑,同时允许链段在低温下有一定的移动空间,保持柔韧性。动态交联(如可逆共价键、氢键、离子键等)相较于静态交联更有利于在低温保持柔韧性,因为它们能在应力作用下发生短暂解离再重组,释放内部应力。

(5)冷却速率与热处理

冷却速率及后续的热处理过程会影响黏结剂的微观结构及缺陷分布,进而影响其低温性能。缓慢冷却可以减少内部应力,有助于形成更为均匀且有利于低温柔韧性的微观结构。适当的热处理(如退火)可以消除加工过程中产生的应力,优化结晶状态,进一步改善低温柔韧性。

(四)黏结剂加工性能

1. 黏结剂的涂布性能

在涂布过程中,黏结剂需要均匀、稳定地涂抹在基材表面,形成一层连续、无缺陷的膜层。这一过程的实现,不仅依赖于黏结剂本身的物理化学性质,还与涂布工艺、设备、环境等因素密切相关。在涂布过程中,黏结剂的流动性至关重要。适宜的流动性能够保证黏结剂在涂布过程中顺利流动,填充基材表面的微小凹凸,形成均匀的涂层。流动性不足可能导致涂层出现斑驳、流痕等问题,影响黏结效果。反之,流动性过强则可能导致涂层过薄,降低黏结强度。因此,通过调整黏结剂的配方和工艺条件,控制其流动性在合适的范围内,是确保涂布质量的关键。除了流动性,黏结剂的润湿性能也是涂布过程中不可忽视的因素。润湿性能好的黏结剂能够迅速在基材表面铺展,形成连续的涂层。润湿性能差则可能导致涂层出现空白、气泡等缺陷,影响黏结效果。润湿性能的提升通常可以通过添加表面活性剂、降低表面张力等方式实现。

在涂布过程中,温度、湿度等环境因素也会对黏结剂的涂布性能产生影响。例如,在高温高湿环境下,黏结剂可能因吸湿而发生性质变化,导致涂布过程中出现流痕、粘连等问题。因此,在实际生产过程中,需要根据环境条件的变化,及时调整黏结剂的配方和涂布工艺参数,以确保涂布质量的稳定性。先进的涂布设备能够实现更均匀、更精确的涂布效果,提高黏结剂的加工性能。而操作人员的技能水平和工作态度,也会对涂布质量产生直接影响。这就需要在黏结剂加工过程中,选择合适的涂布设备,并加强操作人员的培训和管理,以确保涂布过程的顺利进行。

2. 干燥和固化过程中的表现

干燥和固化过程是黏结剂加工中至关重要的环节,它们直接影响着黏结剂的性能和最终产品的质量。在这一阶段,黏结剂需要经历从液态到固态的转变,同时伴随着内部化学结构的变化和物理性能的提升。在干燥过程中,黏结剂中的水分和其他挥发性成分需要被有效去除。这一过程要求黏结剂具有良好的挥发性和热稳定性,以确保在适当的温度和时间内,能够完全去除水分而不引起黏结剂的分解或变质。此外,在干燥过程中还需要控制温度和风速等参数,以避免黏结剂表面过快干燥而形成内部应力,导致涂层开裂或翘曲。

固化过程则是黏结剂内部化学结构发生变化的关键阶段。在这一阶段,黏结剂中的聚合物链会发生交联反应,形成三维网络结构,从而显著提高黏结剂的强度和耐久性。固化过程通常需要一定的温度和时间,以确保交联反应能够充分进行。同时,还需要注意控制固化过程中的温度和湿度等环境因素,以防止黏结剂因环境条件的变化而发生性能变化。值得一提的是,干燥和固化过程中还可能涉及一些辅助手段,如紫外线照射、电子束辐照等。这些手段可以加速固化过程,提高黏结剂的固化效率和性能。然而,它们的使用也需要根据具体的黏结剂类型和加工条件进行选择和调整。

二、常用黏结剂类型

(一)聚偏氟乙烯(PVDF)类黏结剂

1. 聚偏氟乙烯(PVDF)类黏结剂的优势

(1)卓越的化学稳定性与耐电解液侵蚀性

PVDF凭借其高度稳定的化学结构,尤其是主链上的氟原子,赋予其出色的耐化学腐蚀性能。在电池内部复杂的电化学环境中,尤其是在与各种有机电解液接触时,PVDF能够有效抵抗电解液的氧化、还原作用以及溶剂的侵蚀,保持长期的化学稳定状态。这种稳定性降低了黏结剂因降解而导致的正极活性物质脱落、界面阻抗增大等问题,进而提高了电池循环寿命和容量保持率。

(2)优异的机械强度与柔韧性平衡

作为黏结剂,PVDF需具备足够的机械强度以稳固地将活性物质颗粒黏附在集流体上,同时保持一定的柔韧性以适应充放电过程中活性物质体积的变化。PVDF恰好满足这一要求,其分子链间的氢键和范德华力形成紧密的网络结构,赋予材料高强度和耐磨性,而其特有的链段柔性则确保在电池内部应力变化时,黏结层能够有效地缓冲应力,避免活性物质与集流体之间发生剥离,从而维持电池整体结构的完整性。

(3)良好的热稳定性和阻燃性

PVDF 的熔点高达约 170 ℃,且在高温下仍能保持较好的力学性能,这使得采用 PVDF 黏结剂的电池能够在较高工作温度下运行而不致丧失黏结效果。此外,PVDF 的氧指数较高,表现出良好的阻燃性,有利于提高电池的安全性能,降低热失控风险。在电池过热或遭遇外部火源的情况下,PVDF 不易燃烧且能够抑制火焰蔓延,为电池安全提供了额外保障。

(4)理想的电化学窗口与离子导电性

PVDF 具有宽广的电化学稳定窗口,可兼容锂离子电池常用的电压范围,不会在高电位条件下发生分解反应,避免了由此产生的副反应对电池性能的负面影响。同时,PVDF 虽本身不是优良的电子导体,但其溶解于 N-甲基吡咯烷酮(NMP)等溶剂后形成的溶液涂覆在活性物质表面时,能在干燥过程中形成多孔膜,有利于电解液充分渗透,从而提供必要的离子传导通道。尽管比某些新型导电黏结剂的离子导电性略低,但通过优化配方和制备工艺,如添加适量的导电添加剂,可进一步提升其电导率,促进锂离子在电极内的快速传输。

2. 聚偏氟乙烯(PVDF)类黏结剂的功能

(1)黏结与固定活性物质

首要功能是将正极活性物质如钴酸锂、磷酸铁锂、三元材料等牢固地黏附在铝箔集流体上,形成稳定的电极片。PVDF 通过物理吸附、氢键作用及范德华力与活性物质颗粒及集流体表面形成强韧的黏结界面,确保在电池充放电循环过程中,活性物质不发生脱落或聚集,保持电极结构的稳定,这对于维持电池容量和功率输出的持续性至关重要。

（2）调控电极微观结构与电化学性能

PVDF 黏结剂在电极浆料中起到塑形剂的作用,通过控制浆料的黏度、流变性及干燥过程中的溶剂挥发速率,影响最终电极薄膜的孔隙率、厚度均匀性以及活性物质分布的均一性。适当的孔隙结构有利于电解液的浸润和锂离子的扩散,减少电荷传递阻力;而均匀的活性物质分布则有助于降低局部电流密度,防止热点产生,从而提高电池的能量效率和循环稳定性。

（3）参比电极/电解液界面化学

虽然 PVDF 本身并非电化学反应的主体,但它对电极/电解液界面性质有重要影响。PVDF 膜能够在干燥过程中形成含有官能团的表面,这些官能团可能与电解液组分发生相互作用,形成稳定的固体电解质界面（SEI）膜。SEI 膜对电池性能有着决定性影响,它既阻止电解液进一步分解,保护活性物质免受直接侵蚀,又允许锂离子顺利通过,同时阻挡电子穿越,维持电极电化学势的稳定。PVDF 的选择及其在浆料中的含量、分散状态等因素均会影响 SEI 膜的形成与性质,间接决定了电池的初始效率、循环寿命及安全性。

（4）辅助电荷传输与热量管理

尽管 PVDF 本身的电子电导率较低,但通过添加适量的导电添加剂（如炭黑、石墨烯等）,可改善黏结剂体系的电导性,增强电极内部的电子传输路径,缩短电子迁移距离,有助于降低电阻损耗,特别是在高倍率充放电条件下尤为重要。此外,PVDF 良好的热稳定性有助于电池在正常工作及异常情况下有效散热,防止局部过热引发的热失控现象,增强了电池的安全性。

（二）羧甲基纤维素（CMC）类黏结剂

1. 羧甲基纤维素（CMC）类黏结剂在硅基负极材料中的优势

硅基负极以其高能量密度和较低的工作电位成为了下一代锂离子电池的理想选择，但其在充放电过程中发生的显著体积变化成为了制约其发展的主要瓶颈。而 CMC 类黏结剂的出现，为这一问题提供了有效的解决方案。而且，硅基负极材料在充放电过程中会发生体积的膨胀和收缩，如果黏结剂没有足够的弹性和柔韧性，就很难承受这种变化，从而导致电极结构的破坏。而 CMC 分子链的柔韧性和弹性能够有效地吸收和缓冲硅基负极的体积变化，防止了电极结构的破裂和容量的快速衰减。不仅如此，在硅基负极材料的制备过程中，黏结剂需要与活性物质、导电剂等组分混合均匀，形成均匀的浆料。CMC 类黏结剂具有良好的溶解性和分散性，能够与这些组分充分混合，形成均匀的电极浆料，使得硅基负极材料的制备过程更加简便和高效。

2. 羧甲基纤维素（CMC）类黏结剂在硅基负极材料中的功能

CMC 类黏结剂在硅基负极材料中扮演着"桥梁"的角色，将硅颗粒紧密地连接在一起。硅基负极材料在充放电过程中会发生显著的体积变化，容易导致硅颗粒之间的连接断裂，从而影响电极结构的稳定性。而 CMC 分子链上的羧甲基基团能够与硅颗粒表面形成氢键或化学键合，将硅颗粒牢固地黏结在一起，防止了硅颗粒的脱落和团聚，从而维持了电极结构的完整性。而且，硅基负极材料在充放电过程中会发生体积的膨胀和收缩，这种体积变化会对电极结构产生巨大的应力，导致电极结构的破裂和容量的快速衰减。而 CMC 类黏结剂以其柔韧的分子链结构，能够有效地吸收和分散这种体积变化所带来的应力,缓冲了硅基负极的体积变化,从而维持了电极结构的稳定性。在硅基负极材料中,离子导电性是影响电池性能的重要因素之一。CMC 分子链中的羧基基团能够离子化,形成离子通道,有利于锂离子的快速传输。这种离子导电性不仅提高了电池的充放电性能,还降低了内阻,从而提高了电池的能量效率和功率密度。不仅如此,在电池工作过程中,电解液中的化学成分可能会对硅基负极材料造成腐蚀或氧化,从而影响电池的性能。而CMC 黏结剂能够形成一层保护膜,阻挡电解液与硅基负极的直接接触,从而减少了腐蚀和氧化的风险,保护了电极的完整性。

(三)聚丙烯酸(PAA)类黏结剂

1. 聚丙烯酸(PAA)黏结剂在硅基负极材料中的关键优势

(1)卓越的化学适应性与界面调控能力

PAA 的独特之处在于其主链由丙烯酸单体通过共聚反应生成,分子链上分布着大量的羧基(—COOH)官能团。这种富含羧基的结构赋予了 PAA 良好的水溶性与部分有机溶剂如乙醇、N-甲基吡咯烷酮(NMP)的相容性,使其能够在多种溶剂体系中均匀分散,便于制备不同需求下的硅基负极浆料。此外,硅负极表面由于暴露于空气中易于氧化生成 Si-OH 基团,PAA 的羧基与这些羟基在电极制造过程中的匀浆、涂布及后续热处理阶段能够发生高效的缩合反应,形成稳定的共价键连接。这一界面相互作用显著增强了硅颗粒与集流体之间的机械黏附力,有效缓解因硅在充放电过程中高达约300%的体积膨胀所导致的电极粉化和结构破坏问题。

(2)提升硅基负极的电化学循环稳定性和库仑效率

未经修饰的 PAA 已经能在一定程度上促进形成致密且稳定的SEI 膜,但对其进行钠化改性后,PAA 能够进一步改善 SEI 膜的组成和性质。钠化的 PAA 能够抑制电解液在电化学循环过程中的副反应,减少不必要的消耗,从而增强 SEI 膜的阻抗稳定性,降低循环过程中的阻抗增长,有助于保持硅负极的高库仑效率。研究表明,使用 PAA 黏结剂的硅基负极,其首次库仑效率可提升至 90% 以上,远高于传统黏结剂,这对延长电池使用寿命和维持高能量密度至关重要。

(3)经济高效与工艺兼容性

除了上述针对硅负极特性的直接改善外,PAA 黏结剂还因其性价比高、综合性能强的特点受到业界青睐。其原料丰富、合成工艺成熟,使得规模化生产成本可控,有利于硅基负极电池的大规模商业化应用。同时,PAA 黏结剂与现有锂离子电池生产工艺高度兼容,无须对生产线进行大规模改造即可实现快速导入,这对于追求技术创新与经济效益双重目标的电池制造商而言,无疑是一个极具吸引力的选择。

2. 聚丙烯酸(PAA)黏结剂在硅基负极材料中的核心功能

(1)应力缓冲与结构稳定剂

硅基负极材料在充放电过程中经历显著的体积变化,这可能导致电极内部应力集中,进而引发颗粒破裂、活性物质脱落及电极结构失效。PAA 黏结剂通过其柔韧的高分子链结构以及与硅颗粒表面形成的牢固化学键,充当有效的应力缓冲介质。在硅颗粒发生体积变化时,PAA 链能够伸展或收缩,吸收并分散应力,保护电极微观结构免受破坏。此外,PAA 的良好润湿性和高浆料黏度有助于形成均匀致密的电极薄膜,进一步强化电极的整体结构稳定性,确保即使在高倍率充放电条件下也能保持良好的电接触和电荷传输。

(2)SEI 膜优化与电化学稳定性增进剂

硅基负极表面形成的 SEI 膜对电池性能有着决定性影响。理想的 SEI 膜应薄而稳定,既能阻止电解液与硅颗粒的直接接触,减少副反应的发生,又能允许锂离子高效透过。PAA 黏结剂通过钠化改性,能够引导 SEI 膜形成更为优化的成分和结构,增强其对电解液溶剂分子的阻挡作用,降低副反应产物的积累,从而减小阻抗增加、提高库仑效率,并延长电池的循环寿命。此外,PAA 还能通过调节 SEI 膜的生长动力学,促使 SEI 膜的早期快速形成,缩短电池的初始激活周期,提高首次充放电效率。

(3)电导网络构建与电荷传输促进剂

尽管硅本身具有较高的理论比容量,但其电导率相对较低,限制了电池的功率输出能力。PAA 黏结剂与其他导电添加剂(如碳纳米管 CNT)协同工作,可以在电极内部构建起连续的导电网络。PAA 不仅能有效地将硅颗粒、CNT 及其他导电剂黏结在一起,形成多孔且导电性良好的三维复合结构,而且其自身也可作为"软"导电介质,通过羧基间的我极-偶极相互作用,辅助电子和离子在电极内的传输。这种优化的电导网络显著提升了硅基负极在高倍率充放电条件下的电荷传输效率,满足了现代电动汽车及储能系统对快速充电和高功率输出的需求。

第二节　黏结剂的表征与评价方法

一、黏结剂的三种表征

（一）黏结剂的物理表征

1. 外观与颜色

黏结剂的外观与颜色,作为其物理表征的首要方面,往往能够直观地反映出产品的质量及某些性能特点。外观的整洁与否,有无杂质、气泡或者沉淀物,是初步评估黏结剂纯净度和生产工艺的重要指标。颜色方面,不同的黏结剂因其成分和用途的差异,会呈现出不同的色泽。例如,某些环氧树脂黏结剂可能呈现出淡黄或琥珀色,而聚氨酯黏结剂则可能是透明或半透明的。颜色的均匀性和稳定性,不仅关乎产品的美观,更是判断黏结剂是否发生变质、老化或受污染的重要依据。在生产和使用过程中,对黏结剂外观与颜色的细致观察,能够为质量控制和后续操作提供有力的参考。

2. 密度与比重

密度反映了黏结剂单位体积的质量,与其成分、结构和制造工艺紧密相关。比重则是指黏结剂的密度与水密度的比值,这一参数有助于了解黏结剂在不同环境下的行为特性。例如,在涂装或黏接工艺中,黏结剂的密度和比重会影响涂层的均匀性和黏结强度。此外,密度与比重还与黏结剂的储存稳定性、固化过程中的收缩率以及最终产品的物理性能密切相关。因此,精确测定黏结剂的密度与比重,对于优化工艺参数、确保产品质量以及预测长期性能至关重要。

3. 黏度与流动性

黏结剂的黏度和流动性是评价其工艺性能和操作性的关键参数。黏度反映了黏结剂内部摩擦阻力的大小,即其流动的难易程度。高黏度的黏结剂通常呈现出较稠的状态,适用于需要较强黏结力和填充能力的场合。而低黏度的黏结剂流动性好,更易于在复杂形状的表面形成均匀的涂层。流动性则关系到黏结剂在施工过程中的平滑度和涂覆效率。在实际应用中,根据具体需求选择适当黏度和流动性的黏结剂,对于保证黏接质量、提高生产效率以及降低成本至关重要。

4. 固化与硬化特性

固化是指黏结剂从液态或半固态转变为固态的过程,通常伴随着化学反应的进行。硬化则是指黏结剂在固化后达到一定的机械强度和稳定性。这两个过程紧密相连,共同影响着黏结剂的黏接强度、耐热性、耐化学腐蚀性以及尺寸稳定性。不同类型的黏结剂,其固化与硬化机制和速度各不相同。了解并控制黏结剂的固化与硬化特性,对于确保黏接接头的可靠性和耐久性具有重要意义。同时,这也为黏结剂的选择、储存和使用提供了重要依据。

(二)黏结剂的化学表征

1. 化学成分分析

黏结剂的化学成分分析是理解其性能和应用的基础。这一分析通常涉及对黏结剂中各种元素和化合物的定性和定量检测。通过现代分析技术,如 X 射线光电子能谱(XPS)、能量散射 X 射线光谱(EDS)和核磁共振波谱法(NMR)等,可以精确地确定黏结剂中的元素组成、原子比例和分子结构。这些数据不仅揭示了黏结剂的基本构成,还对其物理和化学性质提供了深入的理解。例如,对于聚合物黏结剂,分析其单体组成、交联程度和链结构对其机械强度、耐水性和耐化学腐蚀性的影响至关重要。同时,化学成分分析还能发现杂质和潜在的有害物质,这对于确保黏结剂的安全性和环保性具有重要意义。

2. 分子结构与官能团

分子结构和官能团是决定黏结剂性能的关键因素。通过红外光谱(IR)、拉曼光谱和核磁共振波谱法(NMR)等分析技术,可以详细地揭示黏结剂分子的内部结构和官能团类型。分子结构决定了黏结剂的力学性能和耐用性,而官能团则影响其与其他材料的相互作用和黏结能力。例如,某些官能团如羟基和羧基可以增强黏结剂与金属或非金属基材的黏附力,而某些特殊的交联结构则可以提高其抗老化性能和耐久性。对分子结构和官能团的理解有助于优化黏结剂的设计,以满足特定应用的要求。

3. 热稳定性与热分解

热稳定性和热分解行为是评估黏结剂性能的重要指标。通过热重分析(TGA)和差热分析(DSC)等技术,可以研究黏结剂在不同温度下的质量变化和热量变化。这些数据提供了关于黏结剂热稳定性的重要信息,以及其在高温或长时间加热下的行为。热稳定性高的黏结剂可以在苛刻的工作条件下保持其性能,而热分解行为则揭示了黏结剂在高温下可能产生的副产物和有害气体,这对于评估其环境友好性和安全性至关重要。

4. 化学反应活性

化学反应活性描述了黏结剂与其他物质发生化学反应的能力和速度。这一特性决定了黏结剂在固化、交联和与基材结合过程中的行为。通过考察黏结剂在不同条件下的反应动力学和反应机理，可以深入了解其化学反应活性。例如，某些黏结剂在潮湿环境下能迅速与水分发生反应，形成强力的化学键，从而提供优异的黏附力。而另一些黏结剂则需要在特定温度或催化剂的作用下才能发生反应。对化学反应活性的研究有助于优化黏结剂的使用条件，提高黏结效果和工作效率。

（三）黏结剂黏接界面的微观结构表征

1. 界面结合情况观察

硅基负极材料与黏结剂之间的界面结合情况直接影响电极的整体性能，包括电荷传输效率、循环稳定性以及活性物质利用率等关键参数。准确表征此界面结构，有助于深入了解黏结剂如何有效锚定硅颗粒，以及两者间的作用机制，为优化黏结剂设计和电极制备工艺提供重要依据。借助先进的成像技术，如扫描电子显微镜（SEM）、透射电子显微镜（TEM）、聚焦离子束扫描电子显微镜（FIB-SEM）等，可以直接观测硅基负极与黏结剂的界面微观形貌。SEM 提供宏观层面的二维视图，揭示黏结剂在硅颗粒表面的覆盖率、厚度分布以及与相邻颗粒的连接情况。TEM 与 FIB-SEM 则能实现更高分辨率的三维重构，展示黏结剂在硅颗粒内部孔隙乃至原子尺度上的分布细节，甚至捕捉到黏结剂与硅表面可能形成的化学键合结构。对于硅基负极，由于其显著的体积膨胀特性，界面观察尤为关注黏结剂是否能在硅颗粒间形成弹性缓冲层，以适应充放电过程中硅体积的巨大变化。此外，界面处黏结剂的连续性、致密性以及与导电剂的交织程度也是评价其力学支撑与电荷传导效能的重要指标。

2. 界面缺陷与异物分析

硅基负极与黏结剂界面的缺陷及异物会严重影响电极性能,如导致电荷传输阻抗增大、活性物质利用率降低、循环稳定性变差等。因此,精确识别并分析这些界面异常现象对于改进黏结剂性能和优化电极制备工艺至关重要。利用上述 SEM、TEM 等成像技术,可以直观观察到界面处的裂纹、空洞、分离等宏观缺陷,以及非均匀分布、聚集、脱落等黏结不良现象。此外,通过能量色散 X 射线光谱(EDX)或波长色散 X 射线光谱(WDX)等元素分析手段,可以鉴定界面区域的异物成分,如未反应完全的黏结剂前驱体、杂质元素、副反应产物等,帮助定位工艺瓶颈或原料质量问题。对于硅基负极,界面缺陷与异物分析需特别关注以下几点:一是黏结剂是否能有效填充硅颗粒间的孔隙,形成连续且弹性的网络,防止硅颗粒因体积膨胀而脱离黏结剂;二是黏结剂与硅颗粒表面是否存在未反应的残留物或副反应产物,这些物质可能阻碍锂离子扩散,增加界面阻抗;三是界面处是否存在金属杂质或有机污染物,它们可能引发副反应,加速电解液分解,影响电池安全性。

3. 原子力显微镜观察

原子力显微镜(AFM)是一种高精度纳米级表面分析工具,尤其适用于硅基负极与黏结剂界面的纳米尺度结构表征。AFM 通过探针与样品表面原子间的排斥或吸引作用,实时获取样品表面的三维形貌、粗糙度、弹性模量等信息,同时具备纳米操纵和光谱分析功能,能深入揭示黏结剂与硅颗粒间的相互作用机制。在硅基负极研究中,AFM 可用于直接观察黏结剂在硅表面的成膜情况,包括膜厚、均匀性、粗糙度等参数,这些都与黏结剂的黏附性能、电荷传输效率密切相关。通过 AFM 力谱分析,可以测量黏结剂与硅表面间的黏附力、摩擦力等力学参数,进一步了解黏结剂与硅的相互作用模式,如化学键合、范德华力、氢键等。此外,AFM 还可以探测界面处的微区电导率,这对于评估黏结剂对硅基电极电导性能的影响具有重要价值。

4. 拉曼光谱分析

拉曼光谱是一种基于分子振动和转动的非破坏性光谱分析技术,常用于研究硅基负极与黏结剂界面的化学键合状态、结晶度、分子排列等微观结构特征。拉曼信号源于样品对入射激光的散射,携带了丰富的分子结构信息,可对黏结剂在硅表面的化学反应、取向排列、聚合状态等进行深入解析。在硅基负极研究中,拉曼光谱可用于检测黏结剂与硅表面是否发生了化学键合,如观察到特异的化学键振动峰,表明存在稳定的化学结合。同时,拉曼光谱还可揭示黏结剂在硅表面的取向排列,如垂直于硅表面的 $\pi-\pi$ 堆积、平行于硅表面的链状排列等,这些信息有助于理解黏结剂对硅表面的覆盖情况及电荷传输路径。此外,拉曼光谱还能监控硅基电极在充放电过程中黏结剂与硅表面的化学状态变化,如 SEI 膜的形成与演变,为优化黏结剂设计提供理论支持。

5. X 射线衍射分析

X 射线衍射(XRD)是一种强大的晶体结构分析工具,常用于硅基负极与黏结剂界面的晶相鉴定、结晶度计算、晶粒尺寸估算等。XRD 通过测量样品对 X 射线的衍射角,获得关于晶体结构的详细信息,包括晶面间距、晶体取向、晶格畸变等,这些参数与黏结剂的黏接性能、电化学稳定性密切相关。在硅基负极研究中,XRD 可用于确认黏结剂与硅表面是否形成了新的晶相,如检测到不同于原始黏结剂和硅材料的衍射峰,提示存在化学反应生成的化合物。同时,XRD 可以评估黏结剂在硅表面的结晶度变化,高结晶度通常对应更好的机械强度和电化学稳定性。此外,通过广角 XRD(WXRD)或小角 XRD(SAXRD)技术,可以估算黏结剂在硅表面形成的薄膜厚度、多层结构等信息,这对于理解和优化黏结剂在硅基电极中的作用至关重要。

二、黏结剂的评价方法

(一)黏结剂的力学性能评价

1. 拉伸强度与伸长率

拉伸强度反映了黏结剂在拉伸过程中能够承受的最大应力,而伸长率则体现了黏结剂在拉伸至断裂前的变形能力。对于硅基负极材料而言,黏结剂的拉伸强度和伸长率尤为关键,因为这些材料在充放电过程中会发生显著的体积变化。一个具有高拉伸强度和良好伸长率的黏结剂,能够有效缓解硅基负极材料在充放电时的体积变化所带来的应力,防止活性物质从集流体上脱落,从而提高电池的循环性能和寿命。因此,针对硅基负极材料,选择具有优异拉伸强度和伸长率的黏结剂是至关重要的。

2. 剪切强度与剥离强度

剪切强度与剥离强度是衡量黏结剂在剪切和剥离力作用下的抵抗能力的关键指标。剪切强度反映了黏结剂在受到剪切力时的稳定性,而剥离强度则体现了黏结剂抵抗被剥离的能力。在硅基负极材料的应用中,黏结剂的剪切强度和剥离强度对于保持电极结构的完整性至关重要。由于硅基负极材料在充放电过程中的体积变化,黏结剂需要具有足够的剪切强度和剥离强度,以确保活性物质与集流体之间的紧密黏结,防止在充放电过程中发生脱落或开裂。因此,针对硅基负极材料,选择具有高剪切强度和剥离强度的黏结剂是提高电池性能的重要保障。

3. 冲击强度与韧性

冲击强度与韧性是评价黏结剂在动态载荷下的性能表现的重要指标。冲击强度反映了黏结剂抵抗冲击载荷的能力,而韧性则体现了黏结剂在受到外力作用时能够吸收能量并保持完整性的能力。对于硅基负极材料来说,由于其在充放电过程中会发生体积变化,因此黏结剂的冲击强度和韧性显得尤为重要。一个具有良好冲击强度和韧性的黏结剂,能够在硅基负极材料发生体积变化时,有效吸收和分散应力,防止电极结构的破坏,从而提高电池的可靠性和耐久性。

4. 硬度与耐磨性

硬度和耐磨性是黏结剂力学性能评价中不可忽视的两个方面。硬度反映了黏结剂抵抗被划痕或刻入的能力,而耐磨性则体现了黏结剂在摩擦磨损过程中的耐久性。在硅基负极材料的应用场景中,黏结剂的硬度和耐磨性对于保持电极的长期稳定性具有重要意义。由于硅基负极材料在充放电过程中会发生体积变化,黏结剂需要具有足够的硬度和耐磨性,以抵抗因此产生的摩擦和磨损,确保电极结构的完整性和功能性。因此,在选择适用于硅基负极材料的黏结剂时,应充分考虑其硬度和耐磨性。

(二)黏结剂的耐久性评价

1. 耐水性能

在评估黏结剂对硅基负极材料的应用效果时,耐水性能是一项至关重要的考量指标。水分子的存在可能引发一系列负面效应,如电解液降解、界面副反应加剧、电极结构破坏等,这些均会对电池的整体性能和寿命产生严重影响。因此,选择具有出色耐水性能的黏结剂至关重要。硅基负极因其显著的比容量优势而备受关注,但同时面临显著的体积变化问题。在电池服役期间,尤其是当水分侵入时,这种剧烈的体积变化可能导致黏结剂与硅颗粒间的界面失效,进一步引发活性物质脱落、电极粉化,严重削弱电池的循环稳定性。理想的硅基负极黏结剂应具备良好的疏水性或抗水渗透能力,能够在水分存在下保持稳定的结构,并有效抵御水分引起的电化学性能退化。针对耐水性能的评价,通常采用浸泡试验、吸湿性测试、电化学阻抗谱(EIS)分析等方式。实验中,将涂有黏结剂的硅基电极样品暴露于特定湿度环境中,监测其物理形态变化、重量增益、电阻增大等情况。此外,通过电化学测试观察水分子影响下的电极性能衰减情况,如首次库仑效率降低、循环容量衰减速度加快等现象。一些研究表明,聚丙烯酸(PAA)、海藻酸钠等水溶性黏结剂虽然易于制备和加工,但在高湿度条件下可能表现出较差的耐水性;相比之下,部分改性硅烷类或氟碳类黏结剂由于其化学结构中的疏水基团,能有效抵抗水分侵蚀,保持电极结构完整性。

2. 耐温性能

硅基负极材料在充放电过程中经历显著的体积变化,这一特性对配套使用的黏结剂提出了苛刻的耐温要求。一方面,黏结剂需在宽泛的工作温度范围内保持良好的机械强度和电化学稳定性,以应对因硅颗粒体积变化导致的应力;另一方面,它还需要在高温环境下防止热分解或软化,避免电极结构崩溃和内部短路风险。评估黏结剂的耐温性能通常涉及热重分析(TGA)、差示扫描量热法(DSC)、动态热机械分析(DMA)等手段,以测定其在不同温度条件下的质量损失、玻璃化转变温度、热膨胀系数等参数。对于硅基负极应用,特别关注黏结剂在快速充放电或过热情况下能否维持足够的热稳定性,避免因热致降解产物影响电解液和电极界面性质。例如,某些传统聚烯烃类黏结剂如聚偏氟乙烯(PVDF)虽具有较高的工作温度范围,但其在高温下的热稳定性相对有限,可能会发生分解并释放有害气体。相比之下,新型高温稳定型聚合物如聚酰亚胺(PI)、聚砜(PSU)及其共聚物,因其独特的刚性链结构和高温稳定性,成为硅基负极材料的理想候选。此外,导电聚合物黏结剂如聚吡咯(PPy)或聚噻吩(PTh),不仅能提供必要的黏结功能,还能通过自身的导电性协助缓解局部热量积聚,进一步提高电极的热稳定性。

3. 耐化学介质性能

优秀的黏结剂应具备优异的耐化学介电性能,即在复杂电解质环境中保持结构稳定,不发生溶解、腐蚀、降解等现象,同时能够有效隔绝有害副反应,保护电极活性物质免受损害。评估黏结剂耐化学介电性能的方法包括静态浸泡试验、电化学稳定性窗口测试、X射线光电子能谱(XPS)表征等。在实验室条件下模拟实际电池环境,通过监测黏结剂在电解液中的溶胀行为、质量损失、表面化学状态变化等来评估其耐蚀性。对于硅基负极,还需考虑在反复充放电过程中,黏结剂与硅表面SEI膜(固态电解质界面)的相互作用,确保黏结剂不会干扰SEI膜的形成与稳定性,这是保障电极长期循环性能的关键。例如,聚丙烯酸酯(PMA)等酯类黏结剂在常规碳酸酯类电解液中表现出良好的化学稳定性,但可能与某些高性能电解液中的添加剂发生不良反应。而一些特殊设计的含氟或硅烷改性的黏结剂,由于其对电解液的良好相容性及较低的副反应倾向,被证实能有效提升硅基负极在复杂化学环境中的耐久性。此外,研发无溶剂型或水系黏结剂也是一个趋势,这类黏结剂不仅环保,而且在某些特定电解液体系中展现出卓越的化学稳定性。

(三)黏结剂的浸透性与相容性评价

1. 黏结剂浸透测试

在硅基负极材料的研发与应用中,黏结剂的浸透性能是一个核心考察点,它直接影响到黏结剂能否充分渗透至活性物质颗粒之间,形成牢固的黏接网络,进而决定电极的整体机械稳定性和电化学性能。精确评估黏结剂的浸透能力,有助于指导配方优化和工艺调整,确保硅基负极电极制备过程中的有效黏结。浸透测试通常采用直接观察、图像分析、压汞法、氮气吸附-脱附等手段进行。其中,直接观察与图像分析直观反映黏结剂在活性物质颗粒间的分布情况,如通过 SEM、TEM 等显微技术观察电极断面,评估黏结剂在硅颗粒间形成的连续性、均匀性以及与硅颗粒的接触面积。压汞法和氮气吸附-脱附则通过对孔隙结构的定量分析,间接推算黏结剂在电极内部的浸润深度和覆盖范围。硅基负极材料因其大体积膨胀特性,对黏结剂的浸透性提出了更高要求。在理想情况下,黏结剂应能迅速且均匀地渗透至硅颗粒间隙,形成强韧的三维网络结构,以适应硅颗粒在充放电过程中的体积变化。在实践中发现,低黏度、高分子量、良好溶解性的黏结剂,如某些改性聚丙烯酸酯、聚氨酯等,较易实现对硅基材料的有效浸润。此外,通过调控浆料制备条件(如黏结剂含量、溶剂类型、添加分散剂、搅拌时间等),也可有效改善黏结剂在硅基负极中的浸透效果。

2. 与基材的相容性评价

硅基负极材料的成功应用离不开黏结剂与其基材间的高度相

容性。这里的"基材"主要指硅颗粒本身以及可能存在的导电剂、集流体等辅助成分。黏结剂与基材的良好相容性体现在以下几个方面：一是黏结剂能牢固黏附于硅颗粒表面，形成稳定的黏接层；二是黏结剂不会与硅或其他组分发生不利的化学反应，导致活性物质损失或电极性能下降；三是黏结剂有助于优化电极微观结构，如促进硅颗粒均匀分散、减少团聚，有利于提高电极的电导率和离子传输效率。评价黏结剂与硅基材相容性的常用方法包括剪切力测试、剥离强度测试、X 射线光电子能谱（XPS）、红外光谱（FTIR）等。通过测量黏结剂与硅颗粒间黏结力的大小，可以量化评估黏结剂对硅颗粒的黏接效果。XPS 和 FTIR 等表面分析技术用于检测黏结剂与硅表面是否存在化学键合，以及是否存在不利的副反应产物。此外，电化学测试如恒流充放电、循环伏安、电化学阻抗谱（EIS）等也能反映黏结剂与硅基材相容性对电极性能的影响。以硅氧复合材料为例，研究人员发现，某些含氟或含硅官能团的黏结剂能够与硅表面形成较强化学键合，显著增强黏结效果。同时，通过合理设计黏结剂分子结构，使其与常用的导电炭黑、碳纳米管等导电剂具有良好的兼容性，有助于构建均匀分散、导电高效的电极结构。

第三章 黏结剂与硅基负极材料的相互作用

第一节 黏结剂与硅基材料的界面相容性

一、黏结剂与硅基材料的界面相容性分析

（一）界面结构与相互作用

1. 界面形貌与结构

在硅基负极材料的黏结过程中,黏结剂与硅基材料之间的界面形貌和结构对于它们之间的相容性起着至关重要的作用。一个平整、紧密的界面能够确保黏结剂与硅基材料之间的密切接触,从而提供更好的电子传递和锂离子扩散路径。这种优化的界面结构不仅有助于降低内阻,提高电池的充放电效率,还能增强电池的循环稳定性和寿命。为了实现这一目标,研究人员不断探索和改进黏结剂的配方和涂覆工艺,以期获得更加理想的界面形貌和结构。此外,对界面结构的深入研究也有助于发现潜在的问题和改进方向,为新一代高性能硅基负极材料的开发提供有力支持。

2. 相互作用机制

深入理解黏结剂与硅基材料之间的相互作用机制,对于优化它们之间的相容性具有重要意义。这些相互作用包括化学键合、范德

华力等,它们在微观层面上决定了黏结剂与硅基材料之间的结合强度和稳定性。通过研究和利用这些相互作用机制,可以有针对性地选择和设计黏结剂,以提高其与硅基材料的相容性。例如,通过增强化学键合作用,可以显著提升黏结剂与硅基材料之间的结合力,从而提高电池的循环性能和结构稳定性。同时,范德华力等弱相互作用也在一定程度上影响着黏结剂与硅基材料的相容性,因此也需要被充分考虑和利用。这些相互作用机制的深入研究,将为高性能硅基负极材料的黏结提供更为精确的理论指导和实践方向。

(二)相容性的评估与优化

1. 评估方法

评估黏结剂与硅基材料之间的界面结构和相容性,是确保电池性能的关键步骤。扫描电子显微镜(SEM)和透射电子显微镜(TEM)等先进的表征手段在这一过程中发挥着重要作用。通过这些高分辨率的显微镜技术,可以直观地观察黏结剂与硅基材料的界面形态,分析界面间的结合情况,以及黏结剂的分布情况。这些详细信息不仅有助于理解黏结剂与硅基材料之间的相互作用,还能揭示潜在的界面问题和改进方向。因此,利用 SEM 和 TEM 等表征手段进行有效的界面结构和相容性评估,对于提升硅基负极材料的电池性能具有重要意义。

2. 优化措施

在电池制造的众多环节中,优化黏结剂与硅基材料的界面相容性无疑是提升电极性能的核心所在。这一步骤不仅关乎到电池的循环稳定性,还直接影响着其倍率性能,即电池在高电流密度下的充放电能力。为实现这一目标,首先得从黏结剂的种类入手。市面上种类繁多的黏结剂,每种都具备其独特的物理和化学特性。选择合适的黏结剂,意味着找到了与硅基材料最为匹配的"伙伴",这样二者才能相辅相成,达到最佳的相容效果。当然,仅仅选择合适的黏结剂还不够,其浓度也是一项重要的考虑因素。过高浓度的黏结剂可能导致电极内部过于黏稠,影响离子传导;而过低则可能无法形成足够的黏结力,导致电极结构松散。因此,通过实验确定一个最佳的浓度值,是确保电极性能稳定的关键。此外,涂布工艺同样不容忽视。一个均匀的涂布过程,能够确保黏结剂与硅基材料之间实现充分的接触,从而增强黏结强度,提高电极的整体稳定性。

(三)界面相容性对电池性能的影响

1. 对电化学性能的影响

在锂离子电池中,黏结剂与硅基负极材料之间的界面相容性对电化学性能有着至关重要的影响。良好的界面相容性意味着黏结剂能够紧密地贴合在硅基材料表面,形成一个低电阻的接触界面。这种紧密的界面接触能够显著降低界面电阻,使得电子在电极材料间的传递更加顺畅。因此,在充放电过程中,电子能够更快速地通过界面,从而提高电池的充放电效率。此外,良好的界面相容性还有助于提升电池的能量密度。因为当界面电阻降低时,电池在充放电过程中损耗的能量减少,更多的能量可以被有效地储存和放出,进而提升了电池的整体性能。

2. 对安全性能的影响

除了对电化学性能的积极影响外,黏结剂与硅基材料之间良好的界面相容性还对电池的安全性能起着重要作用。一个稳定的界面意味着在电池充放电过程中,黏结剂能够有效地固定硅基材料,防止其因体积变化而导致的结构破损。这种稳定性不仅能够延长电池的使用寿命,更重要的是,它能够减少电池在充放电过程中可能发生的副反应。这些副反应往往伴随着热量的产生,如果热量积累过多,可能会引发电池热失控,甚至导致电池起火或爆炸。因此,通过优化黏结剂与硅基材料的界面相容性,可以有效减少副反应的发生,降低热量积累,从而提高电池的安全性。

二、相容性对锂离子电池性能的影响

(一)相容性与电化学性能

1. 充放电效率

在锂离子电池中,黏结剂与电极材料之间的相容性对充放电效率具有显著影响。当黏结剂与电极材料具有良好的相容性时,能够形成稳定的界面结构,从而降低界面电阻。这种低电阻的界面有利于电子的快速传递,使得锂离子在充放电过程中能够更顺畅地在电极间迁移。因此,相容性好的黏结剂能够显著提高电池的充放电效率,意味着电池可以在更短的时间内完成充电或放电过程,这对于需要快速充电和放电的应用场景尤为重要。此外,良好的相容性还有助于减少电池在充放电过程中的能量损耗,使得更多的能量能够用于实际的电能储存和供应,从而提高电池的能量转换效率。

2. 容量保持率

黏结剂与电极材料的相容性同样对电池的容量保持率有着重要影响。容量保持率是指电池在经过多次充放电循环后,仍能保持其原始容量的能力。当黏结剂与电极材料相容性好时,能够减少在充放电过程中电极材料的粉化、脱落等现象,从而保持电极的完整性。这有助于电池在长时间使用过程中保持较高的容量,延长电池的使用寿命。相反,如果黏结剂与电极材料的相容性差,那么在充放电过程中,电极材料可能会因为体积变化、应力等因素导致结构破坏,从而降低电池的容量保持率。因此,选择与电极材料相容性好的黏结剂,对于提高锂离子电池的容量保持率和延长电池使用寿命具有重要意义。

(二)相容性与电池安全性

1. 热稳定性

在锂离子电池中,黏结剂与电极材料的相容性对于电池的热稳定性有着不可忽视的影响。热稳定性,简而言之,就是电池在高温环境或面临异常情况时,能否继续保持其原有性能并确保安全性的能力。当黏结剂与电极材料之间具有出色的相容性时,这两者之间会形成一层强韧、稳定的界面结构。这种结构仿佛是一道坚固的"防线",在高温或其他异常情况下,能够有效地抵抗外界环境对电极材料的侵蚀。特别是在高温环境下,这种稳定的界面结构能够抵御热应力的影响,避免电极材料因高温而发生热分解或结构崩塌。此外,良好的相容性还意味着黏结剂本身需要具有出色的热性能。高性能黏结剂能够在高温环境中长时间保持其黏结强度和化学稳定性,不会因为温度的上升而迅速失效。这样的黏结剂就像是一个"守护者",时刻保护着电极材料不受高温的侵害,确保电池即使在极端的高温条件下也能正常工作,不会发生性能下降或安全问题。

2. 短路防护

在锂离子电池中,防止电池内部短路是至关重要的,而黏结剂的相容性在这方面起着举足轻重的作用。短路,简单来说,就是电池内部不应该有电连接的部分发生了电连接,这种情况往往会导致电池迅速放热、冒烟甚至起火,是电池安全事故的主要诱因。黏结剂,作为电池制造中的关键材料,其相容性对于防止短路的发生具有决定性的影响。当黏结剂与电极材料之间的相容性良好时,黏结剂能够紧密、均匀地覆盖在电极材料的表面,将其牢牢固定。这样一来,无论是在电池的正常使用过程中,还是在受到外力冲击或变形等异常情况下,电极材料都不容易发生移位、破损或脱落,从而大大降低了电极之间因直接接触而导致短路的风险。除此之外,一些高性能的黏结剂还具备优异的绝缘性能。它们能够在电极之间形成一层有效的隔离层,就像是一道"防火墙",进一步阻止了电极之间的直接接触。这种防护机制在电池受到外力作用时尤为重要,因为这些外部力量有可能导致电池内部结构的变化,从而增加短路的风险。而有了这样一层"防火墙",即使电池受到了一定的冲击或变形,也能在一定程度上保持其内部结构的完整性,防止短路的发生。

(三)相容性与电池寿命

1. 循环寿命

黏结剂与电极材料的相容性,在锂离子电池的循环寿命中起着举足轻重的作用。循环寿命,即电池在经历了无数次的充放电之后,其性能依旧出色的时间跨度,是衡量电池质量的关键指标。而黏结剂与电极材料之间的相容性,正是影响这一指标的重要因素。当黏结剂与电极材料之间达到出色的相容性时,它们之间的结合会更为紧密。这种紧密的结合意味着,在电池充放电的过程中,电极的活性物质不易脱落,电极的结构也能得到更好的保护,从而避免了因电极损坏而导致的性能下降。更为重要的是,相容性良好的黏结剂还能有效地缓冲电极材料在充放电时产生的体积变化。电池在充放电过程中,电极材料会因为锂离子的嵌入和脱出而发生体积的膨胀和收缩,这种体积变化会产生机械应力,有可能导致电极开裂或粉化。但有了相容性好的黏结剂,它就像是一个弹性层,能够吸收和分散这些应力,从而保护电极免受损伤。

2. 长期稳定性

黏结剂与电极材料的相容性,是锂离子电池长期稳定性的关键要素之一。这种相容性不仅关系到电池的初始性能,更影响到电池在长期使用或储存过程中的性能表现。长期稳定性,简而言之,就是电池在长时间的使用或储存后,其性能依然能够保持稳定,不出现明显的衰退。这种结合能够抵御外界环境对电池的侵蚀,无论是高温、低温还是潮湿环境,都能为电极材料提供坚实的保护。同时,它也能抵抗电池内部由于充放电过程中产生的化学变化所带来的影响。相容性好的黏结剂,就像是为电极材料穿上了一层"防护服",使得电极在各种恶劣环境下都能保持其原有的性能。这意味着,无论电池是在极端的高温下工作,还是在寒冷的冬季被使用,或者是在潮湿的环境中储存,其性能都能得到很好的保持,不会出现大幅度的衰退。

第二节 黏结剂对硅基材料电化学性能的影响

一、黏结剂对电化学性能的具体影响

(一)导电性与离子传输

1. 提升电极导电性

黏结剂在电极制造中起到了举足轻重的作用,尤其当它具备良好的导电性时,其对电极导电性的提升作用就更为显著。黏结剂不仅将电极材料紧密地黏结在一起,形成一个完整的电极结构,而且,某些黏结剂本身就具有很高的导电性。这意味着,它们不仅能够起到结构上的固定作用,还能在电极材料之间形成一个额外的导电网络。这种导电网络能够增强电极材料之间的电子传递效率,使得电子能够更快速、更顺畅地在电极内部流动。这种提高的电子传递效率直接导致了电极内阻的降低,从而显著提升了电池的整体导电性能。

2. 促进离子传输

黏结剂在电池中不仅起到结构上的作用,还通过其独特的分子结构和化学性质,对锂离子在电极材料中的嵌入和脱出过程产生积极影响。具体来说,黏结剂的分子结构可能包含有利于锂离子传输的通道或基团,这些结构特点能够降低锂离子在电极材料中的传输阻力,提高其传输效率。此外,黏结剂的化学性质也可能与电极材料产生协同效应,进一步优化锂离子的嵌入和脱出过程。这种促进离子传输的作用对于电池的充放电速率和能量密度具有至关重要的影响。换句话说,选择合适的黏结剂可以显著提高电池的快速充放电能力和储存能量的大小,这是现代高性能电池所追求的关键指标。

(二)界面稳定性与副反应控制

1. 增强界面稳定性

在电池系统中,电极与电解液之间的界面稳定性对电池性能有着至关重要的影响。黏结剂在这一界面中发挥了不可或缺的作用,通过其黏附特性,黏结剂能够将电极材料紧密地结合在一起,同时与电解液形成良好的相容性,从而有效改善了电极与电解液之间的界面稳定性。在充放电过程中,界面上可能会发生各种复杂的电化学反应,这些反应有时会导致界面结构的破坏,进而影响电池的性能和使用寿命。而黏结剂的存在,就像一个"调解者",能够有效减少这些不利的界面反应,保护电极材料不受损害。通过增强界面稳定性,黏结剂不仅延长了电池的使用寿命,还为电池的高效、稳定运行提供了有力保障。

2. 减少副反应

在电池充放电过程中,除了主要的电化学反应外,还可能会发生一些副反应,如电解液的分解或与电极材料的不良反应。这些副反应不仅会消耗电池中的有用物质,还可能产生对电池性能有害的副产物,从而影响电池的安全性能和循环稳定性,而某些黏结剂则具有抑制这些副反应发生的能力。它们可能通过与电解液中的某些成分发生特定的相互作用,或者通过稳定电极材料的表面结构,来减少副反应的发生。这种抑制作用对于提升电池的安全性能和循环稳定性至关重要。因此,在选择黏结剂时,其抑制副反应的能力也是一个重要的考量因素,这对于开发高性能、高安全性的电池具有重要意义。

（三）能量密度与充放电性能

1. 提高能量密度

电池的能量密度是衡量其性能的重要指标,它决定了电池在给定重量或体积下能存储多少能量。通过精心优化黏结剂的使用,可以显著减少电池中非活性物质的质量,这是提高能量密度的关键途径之一。黏结剂虽然对电池的结构稳定性至关重要,但过量使用或选择不当的黏结剂会提高电池的非活性质量,从而降低能量密度。因此,通过精确控制黏结剂的种类和用量,可以最大限度地减少这部分质量,使得更多的质量和体积可以用于存储能量的活性物质,进而提高电池的能量密度。这种优化不仅涉及黏结剂本身的选择,还包括黏结剂与其他电池组分的兼容性、加工过程中的涂布技术等多个方面。通过这些综合措施,可以在保持电池结构稳定性的同时,显著提升其能量存储能力。

2. 改善充放电性能

黏结剂的类型和性质对电池的充放电性能有着深远的影响。合适的黏结剂不仅能够提供稳固的结构支撑,更重要的是,它能够形成高效的离子和电子传输通道。这些通道在电池的充放电过程中起着至关重要的作用,它们保证了锂离子和电子能够在电极材料之间快速、顺畅地传输。通过选择具有优异导电性和离子传导能力的黏结剂,可以显著降低内阻,加快电化学反应速度,从而改善电池的充放电速率和效率。此外,黏结剂的化学稳定性和与电解液的兼容性也是影响充放电性能的重要因素。因此,在电池设计和制造过程中,选择合适的黏结剂并优化其使用条件,对于提升电池的充放电性能至关重要。

（四）离子与电子传导性的改善

黏结剂在锂离子电池中的重要性不言而喻，它在改善离子与电子传导性方面发挥着举足轻重的作用。优质的黏结剂，如同一位精湛的指挥家，精心编织起一个有效的导电网络。这个网络仿佛一张细密的网，将电极材料紧密相连，不仅显著增强了电极材料的结构稳定性，更如同开辟了一条条高速公路，促进了锂离子和电子在电极中的顺畅、快速传输。这种导电网络的构建，得益于黏结剂的独特性质。黏结剂分子中的特殊结构和功能基团，能够与电极材料形成紧密的结合，同时提供额外的导电通道。这种通道的存在，使得锂离子和电子能够在电极内部自由穿梭，而无须受到过多的阻碍。通过精心优化黏结剂的选择和用量，可以进一步挖掘这种导电网络的潜力。合适的黏结剂不仅能够提供稳固的黏结力，还能在保持电极结构稳定的同时，最大化地提升锂离子和电子的传输效率。这种优化带来的直接好处是电池充放电速率的显著提高，内阻的明显降低，从而使得电池的整体性能得到质的提升。

二、不同类型的黏结剂及其影响

（一）天然黏结剂

1. 天然橡胶黏结剂

天然橡胶黏结剂是一种环保、可再生的黏结材料，来源于橡胶树的乳液。这种黏结剂在锂离子电池中发挥着重要作用。其独特的弹性和黏附性，使得电极材料能够紧密地结合在一起，从而提高电极结构的稳定性。此外，天然橡胶黏结剂还具有良好的耐候性和耐腐蚀性,能够在各种环境下保持稳定的黏结效果。然而,天然橡胶黏结剂也存在一定的局限性。由于其天然来源,其成分和性质可能会受到季节、地域等因素的影响,导致黏结效果不稳定。为了保持其黏结性能,可能需要进行特殊的处理或添加助剂,这可能会增加生产成本和工艺复杂性。尽管如此,天然橡胶黏结剂仍然因其环保、可再生等特性而受到关注。在锂离子电池领域,随着对环保和可持续性的日益重视,天然橡胶黏结剂有望在未来发挥更大的作用。

2. 纤维素黏结剂

纤维素黏结剂是一种以天然纤维素为原料制成的黏结材料。它具有来源广泛、价格低廉、环保等优点,在锂离子电池中得到了广泛应用。纤维素黏结剂的主要作用是提供稳固的机械支撑,确保电极材料的结构完整性。与合成黏结剂相比,纤维素黏结剂在环保方面具有明显的优势,它不仅可以降低生产成本,还有助于减少对环境的污染。此外,纤维素黏结剂还具有良好的加工性能,可以方便地与其他电极材料混合使用。然而,纤维素黏结剂在改善离子和电子传导性方面的效果相对有限。为了克服这一局限性,研究者们正在探索将纤维素黏结剂与其他功能性材料相结合,以提高其导电性和离子传导能力。这将有助于进一步提升锂离子电池的性能,并推动纤维素黏结剂在电池领域的应用发展。

（二）合成黏结剂

1. 聚偏氟乙烯（PVDF）黏结剂

聚偏氟乙烯（PVDF）黏结剂在锂离子电池中占据着重要的地位。PVDF以其卓越的化学稳定性和耐高温性能而闻名,这使得它成为电池制造中的理想选择。PVDF 黏结剂的主要功能是确保电极材料的结构稳定性,防止活性物质在充放电过程中脱落或损坏,从而延长电池的使用寿命。PVDF 黏结剂的优点不仅在于其稳定性,还在于它对电极材料具有良好的黏附性,它能够紧密地黏合电极材料,确保电池在充放电过程中的性能稳定。此外,PVDF 黏结剂还具有较高的机械强度,能够有效抵抗电池在使用过程中的各种应力和振动。然而,PVDF 黏结剂也有其局限性,由于其较高的内阻,可能会影响电池的充放电效率。

2. 聚丙烯酸(PAA)黏结剂

聚丙烯酸(PAA)黏结剂因其出色的水溶性和加工性能在锂离子电池中得到了广泛应用。PAA 黏结剂特别适用于硅基负极材料,能够有效抑制硅在充放电过程中的体积膨胀,从而提高电池的循环稳定性和寿命。PAA 黏结剂的优点在于其强大的黏附力和良好的弹性,这使得它能够紧密地黏合电极材料,同时适应电极材料在充放电过程中的体积变化。此外,PAA 黏结剂还具有良好的耐腐蚀性,能够在恶劣的电池环境中保持稳定。然而,PAA 黏结剂也存在一些挑战。例如,其导电性相对较弱,可能会影响电池的充放电效率。因此,在实际应用中,需要综合考虑 PAA 黏结剂的优缺点,进行合理的配比和优化。

3. 聚氨酯(PU)黏结剂

聚氨酯(PU)黏结剂以其卓越的弹性和耐磨损性在锂离子电池中发挥着重要作用。PU 黏结剂的主要功能是增强电极的柔韧性和耐久性,从而提高电池的循环稳定性。PU 黏结剂的优点在于其强大的黏附力和耐磨损性,这使得电极材料能够在充放电过程中保持稳定,减少因材料脱落或损坏而导致的性能下降。此外,PU 黏结剂还具有较好的耐腐蚀性,能够在电池内部恶劣的环境中长时间保持稳定。然而,PU 黏结剂也有一些局限性。比如其导电性能相对较弱,可能会影响电池的充放电效率。因此,在选择 PU 黏结剂时,需要综合考虑其弹性和导电性之间的平衡,以实现电池性能的最优化。同时,PU 黏结剂的合成和加工过程也需要严格控制,以确保其质量和稳定性。

(三)复合黏结剂

1. 天然与合成黏结剂复合

天然与合成黏结剂复合是一种创新的黏结剂组合方式,它结合了天然黏结剂的环保性和可再生性,以及合成黏结剂的稳定性和高性能。这种复合黏结剂在锂离子电池中的应用具有显著的优势。首先,通过天然与合成黏结剂的复合,可以实现环保和性能的双重目标。天然黏结剂如纤维素等来源于可再生资源,具有良好的生物相容性和可降解性,对环境友好。而合成黏结剂如 PVDF 等则具有优异的稳定性和黏附力,能够提高电极的结构稳定性。将两者复合使用,既保留了天然黏结剂的环保特点,又增强了电极的性能。其次,复合黏结剂还能够提高电池的能量密度和功率密度。天然黏结剂的轻质特性和合成黏结剂的高黏附性相结合,使得电极材料能够更加紧密地结合,减少非活性物质的质量,从而增加电池中活性物质的比例。这有助于提升电池的能量密度和功率密度,使其具有更长的续航里程和更快的充放电速度。最后,复合黏结剂还能够改善电池的循环稳定性和安全性。天然黏结剂的柔韧性和合成黏结剂的强黏附性共同作用,增强了电极的耐久性,减少了活性物质的脱落和结构的损坏。这有助于提高电池的循环寿命和安全性能。

2. 多种合成黏结剂复合

多种合成黏结剂复合是一种先进的黏结技术,它将不同性质的合成黏结剂结合在一起,通过协同作用提高锂离子电池的综合性能。这种复合黏结剂的应用为电池行业带来了新的可能性。首先,多种合成黏结剂复合可以显著提升电极材料的结构稳定性。不同黏结剂之间的互补作用使得电极材料更加紧密地结合在一起,有效防止了活性物质的脱落和电极结构的损坏,有助于提高电池的循环稳定性和使用寿命。其次,复合黏结剂能够优化离子和电子的传导性能。通过选择合适的黏结剂组合,可以形成高效的导电网络,降低电池内阻,加快电化学反应速度,有助于提高电池的充放电效率和功率密度,使其适用于高功率需求的应用场景。此外,多种合成黏结剂复合还可以增强电池的安全性能。某些黏结剂具有阻燃、耐高温等特性,将其与其他黏结剂复合使用,可以提高电池在极端条件下的安全性能。这对于电动汽车、移动设备等对电池安全性要求极高的领域具有重要意义。

四、适用于硅基复合负极材料电池的黏结剂体系研究

(一)扣式半电池性能分析

对使用了不同黏结剂的电极片进行了循环前后的形貌表征,相关结果展示在图 1 中。通过观察可以发现,循环前,采用不同黏结剂的电极片都保持着完整的电极结构,没有出现开裂或明显的缝隙。黏结剂和导电剂在集流体表面分布均匀,无显著的团聚现象。然而,在进行了 100 圈小电流密度循环后,电极表面都出现了一定程度的裂纹,这些微裂纹对电极性能有着显著影响。较小的微裂纹能增加活性物质与电解液的接触面积,从而提升电极的电化学性

能。但是,较大的微裂纹可能会导致活性物质从集流体上剥落,进而降低电极的容量。特别是,使用 SA 黏结剂的电极损坏严重,极片完整度大幅降低,电极表面破裂成许多碎块。这表明 SA 表面的羧基难以保持硅基电极结构的均匀性和完整性。相比之下,使用 TS30 黏结剂的电极片表面裂纹较少且缝隙小,颗粒的原始形状保持得也更好。这从侧面反映出,在脱嵌锂过程中,该电极形成的固体电解质界面(SEI)膜更加稳定且致密,能有效地将硅与电解液隔离开来。

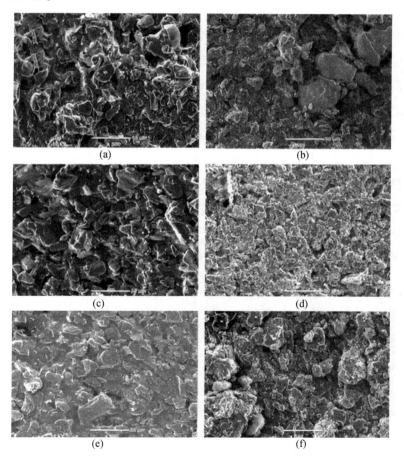

(a)　　　　　　　　　　　　　(b)

(c)　　　　　　　　　　　　　(d)

(e)　　　　　　　　　　　　　(f)

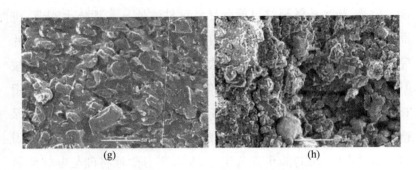

(g)   (h)

图1　不同黏结剂制备的电极片循环前及循环100圈后的SEM图

为了深入了解各种黏结剂对电极材料的影响,对电极片的截面进行了扫描电子显微镜(SEM)测试,相关结果详见图2。在测试之前,电极薄膜的厚度大约是 76 μm。然而,在经历了 100 圈的循环之后,发现使用不同黏结剂制备的电极片厚度均有所增加。具体来说,采用 CMC+SBR、TS30、CMC+LA132 和 SA 黏结剂的电极片厚度分别增加到了 111 μm、103 μm、115 μm 和 124 μm。值得注意的是,使用 TS30 黏结剂的电极片在循环后厚度增加相对较少。这主要归功于改性的聚丙烯酸表面富含的羧基,这些羧基使得分子间的黏结作用力不仅包含物理键,还包含了较强的化学键。同时,TS30 黏结剂自身所具备的出色机械性能也有效地抑制了硅的体积膨胀。

(a)   (b)

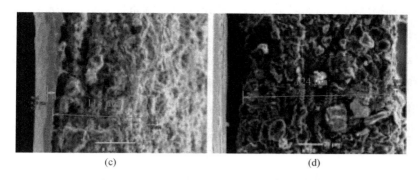

图 2　不同黏结剂制备的电极片循环 100 圈后横截面的 SEM 图

表 1 和图 3 展示了使用不同黏结剂的 SI@ C/G-6 复合负极材料组装的扣式半电池的电性数据。观察图 3(a)可以看出,各电极在首次嵌锂时的电位存在差异,这反映了电极极化的多样性。特别是 CMC+SBR 黏结剂制备的电极,其放电电位较低,说明此电极在首次充放电时极化现象较明显,可能意味着电极表面的导电网络相对不够完善。此外,在电压约为 0. 1 V 和 0. 4 V 时出现的两个脱锂平台,分别对应石墨和硅的脱锂反应。对于使用 CMC +SBR、TS30、CMC + LA132 和 SA 黏结剂的电极,其首次嵌锂容量分别为 447. 2 mAh/g、452. 9 mAh/g、450. 2 mAh/g 和 439. 2 mAh/g,而首次脱锂容量则为 425. 3 mAh/g、431. 6 mAh/g、427. 5 mAh/g 和 419. 4 mAh/g。相应地,这些电极的首次库伦效率分别为 95. 04%、95. 30%、94. 96% 和 95. 49%。值得注意的是,使用 TS30 黏结剂的电极在充放电过程中能够形成更加稳定且致密的固体电解质界面(SEI)膜,这有助于提高硅基复合材料的电化学稳定性。

参考图 3(b-c),可以观察到,使用 SA 黏结剂制备的电极在 100 圈循环后的容量为 381. 1 mAh/g,容量保持率仅为 90. 87%。这是由于在循环过程中,纳米硅颗粒因体积的不断膨胀和收缩导致导电网络受损。相比之下,CMC+SBR 黏结剂制备的电极在 100 圈循环后的容量为 395. 1 mAh/g,容量保持率为 92. 9%;CMC+LA132 黏结剂的电极容量为 398. 6 mAh/g,容量保持率达到 93. 24%;而 TS30 黏结剂的电极则展现出 405. 9 mAh/g 的高可逆容量和 94. 05%的高保持率。TS30 黏结剂电极的卓越性能说明,改性的聚丙烯酸类黏结剂能与硅形成强氢键,从而在硅颗粒表面形成均匀的包覆层。

表 1　不同黏结剂组成的扣式电池的电性表

黏结剂	嵌锂容量（mAh/g）	脱锂容量（mAh/g）	首次库伦效率(%)	100 圈脱锂量（mAh/g）	100 圈容量保持率(%)
CMC+SBR	447. 2	425. 3	95. 04	395. 1	92. 90
TS30	452. 9	431. 6	95. 30	405. 9	94. 05
CMC+LA132	450. 2	427. 5	94. 96	398. 6	93. 24
SA	439. 2	419. 4	95. 46	381. 1	90. 87

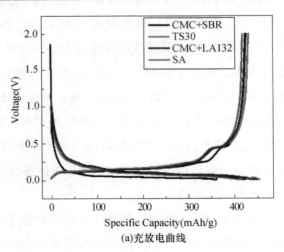

(a)充放电曲线

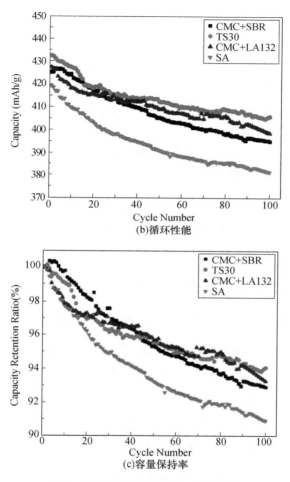

(b)循环性能

(c)容量保持率

图3　不同黏结剂制备的扣式半电池

　　为了进一步了解使用不同黏结剂制备的电极片的电化学特性，对扣式半电池进行了电化学阻抗谱分析。测试结果如图4所示，从图中可以看出，采用 TS30 黏结剂的电池显示出较小的电荷转移阻抗和浓差极化阻抗。

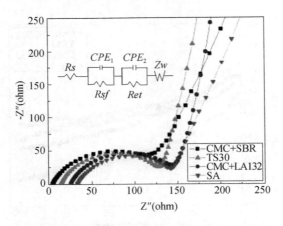

图4 不同黏结剂制备的扣式半电池的 EIS 谱图

(二)软包全电池性能分析

电极片内部的高孔隙率会导致颗粒间的接触电阻增大以及锂离子通道过长。为了解决这一问题,按照设计的压实密度对极片进行了辊压处理。表2列出了使用不同黏结剂制备的极片的性能数据。分析这些数据,发现所有极片在一段时间后都存在一定程度的厚度反弹。具体来说,经过 85 ℃烘烤 8 小时后,TS30 黏结剂的极片反弹率相对较小,而 CMC+SBR 的反弹率高达 9.54%,SA 黏结剂的极片反弹率更是达到了最大的 10.96%。这种较大的反弹率很容易导致软包全电池的整体厚度增加,进而可能引发电池鼓包现象,甚至产生安全问题。此外,还注意到电解液的浸润速度对电池性能也有一定影响。SA 黏结剂的极片渗液速率为 58.2 s/μL,而 TS30 黏结剂的极片渗液速率则达到了 78.18 s/μL。较快的电解液浸润速度能够促进锂离子在正负极之间的穿梭,从而提升材料的倍率性能。

表 2　不同黏结剂极片性能分析

黏结剂	反弹率(%)			渗液速率 (s/μL)	剥离力(N)
	24 h	48 h	85 ℃加热 8 h		
CMC+SBR	3.92	6.42	9.54	63.68	10.29
TS30	1.56	5.47	7.58	78.18	11.13
CMC+LA132	2.36	5.51	9.24	30.91	10.97
SA	3.73	6.72	10.96	58.2	9.57

为了确保活性物质与集流体在脱嵌锂过程中不会脱落,黏结剂必须具备良好的黏结性能。为了精确评估不同黏结剂的黏结性,本实验专门采用了 180°剥离方法来对比各种极片的黏附力。根据剥离力测试的结果,发现使用 CMC+SBR、TS30、CMC+LA132 和 SA 黏结剂的极片剥离力分别为 10.29 N、11.13 N、10.97 N 和 9.57 N。其中,使用 TS30 黏结剂的极片展现出最高的剥离力,这表明改性的聚丙烯酸黏结剂中的丰富羧基与羟基在形成酯键后,能显著提高附着力,从而使得极片的剥离力更强。

根据表 3 的数据,可以得知 SA 黏结剂的溶胀系数是最大的,其溶胀度达到了 26.49%。这意味着在使用 SA 黏结剂的极片中,活性物质有可能在电解液中出现脱离集流体的现象,从而破坏了电极的结构完整性。相比之下,TS30 黏结剂的溶胀率是最小的,显示出它在电解液中的性能相对稳定。因此,即使在经过多次循环之后,使用 TS30 黏结剂的极片仍然能够在集流体上保持完整的网络结构。

表3 不同黏结剂极片溶胀度与阻值

黏结剂	溶胀度1(%)	溶胀度2(%)	综合溶胀度(%)	极片阻值(mΩ)
CMC+SBR	23.57	23.73	23.65	0.553 8
TS30	18.04	18.35	18.20	0.552 1
CMC+LA132	20.13	20.89	20.51	0.568 5
SA	26.35	16.63	26.49	0.635 1

图5展示了使用不同黏结剂制备的电极片在循环后满电状态下的拆解照片。从图中可以明显看到,负极片四周的颜色比中间部位深。这是因为电池设计时为了避免锂枝晶的形成,负极尺寸设计得比正极尺寸略大,导致负极片周围缺乏可与之交换的锂离子。经过200圈循环后,可以观察到SA黏结剂制备的电极片表面颜色较为暗淡,并出现了一些黑色斑点,这表明极片表面有锂枝晶形成,从而导致电池容量衰减速度加快。相比之下,TS30黏结剂制备的电极片表面颜色更加金黄,这说明改性的聚丙烯酸黏结剂具有很强的附着力,并且其适中的弹性和硬度能够有效地缓解硅的体积膨胀。

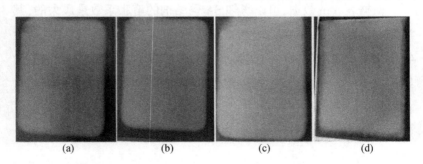

(a)　　　　　(b)　　　　　(c)　　　　　(d)

图5 不同黏结剂制备的电极片循环200圈后的图片

表4　不同黏结剂组成的软包全电池的电性表

黏结剂	放电容量（mAh）	首次库伦效率（%）	200圈后的容量保持率(%)
CMC+SBR	1 274.4	86.34	78.69
TS30	1 307.1	87.47	80.99
CMC+LA132	1 303.7	86.18	79.30
SA	1 265.4	85.54	69.61

图6展示了使用不同黏结剂制备的软包全电池的容量保持率曲线和放电倍率曲线。观察图6(b)可以发现,随着电流密度从0.5C增加到3C,所有软包全电池的容量都呈现出下降的趋势。这是因为随着电流密度的增大,电极表面的电化学反应会加剧,导致反应不完全。在使用SA黏结剂的情况下,电池容量下降得更快,并且始终低于其他电极的容量。这主要是因为海藻酸钠的黏结力和机械强度不足以支撑硅的体积膨胀,从而导致极片结构受损,使得电池的倍率性能较差。相比之下,TS30黏结剂体系在不同电流密度的测试中均表现出色,特别是在大电流密度下,其容量表现最为稳定。

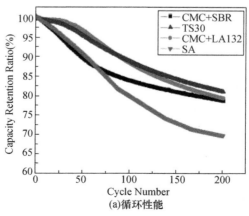

(a)循环性能

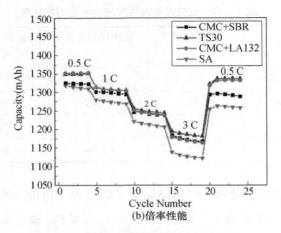

图6　不同黏结剂制备的软包全电池的

　　直流内阻是衡量锂离子电池中电子传输难易程度的关键参数，它能够直接反映出电池的发热情况、电压表现、输出功率以及储能特性。图7展示了采用不同黏结剂制备的软包全电池的直流电阻曲线。在各种不同的荷电状态下，使用SA黏结剂的电池显示出最高的直流内阻（DCIR），而采用TS30黏结剂的电池则具有最低的直流内阻。这种较低的直流内阻为锂离子和电子在电池内部迁移提供了便利。

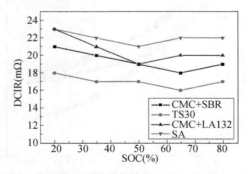

图7　不同黏结剂制备的软包全电池的直流内阻

第三节　黏结剂对硅基材料循环稳定性的影响

一、黏结剂对硅基材料结构稳定性的影响

(一)黏结剂的作用

1. 加强组分连接

黏结剂在硅基材料中不仅是黏合剂,更是结构稳定的守护者。它通过其强大的黏附能力,将活性材料、导电剂等关键组分紧密地连接在一起。这种连接不仅仅是物理性的附着,更是一种化学与物理相结合的稳定结构。在电极的制备过程中,黏结剂如同一位巧手的工匠,将各种材料巧妙地融合在一起,构建出一个坚固且有序的电极结构。这种结构的稳定性对于电池的性能和寿命至关重要。黏结剂在这里不仅确保了电极的完整性,还为其在充放电过程中的稳定性提供了有力保障。通过加强组分之间的连接,黏结剂使得整个电极在面对外界应力或内部体积变化时,能够保持结构的稳固,从而提高电池的整体性能。

2. 保持电接触

黏结剂在电池的内部结构中,犹如一位不可或缺的"联络员",发挥着举足轻重的作用。它的主要任务是确保活性电极材料与集流体之间建立起一种牢靠而高效的电接触,这是电池正常工作的基石。在电池的充放电过程中,电子如同川流不息的车辆,需要在电极与集流体之间畅通无阻地来回穿梭。而黏结剂,就像是那位细心的电工,精心铺设和维护着这条"电子高速公路",确保每一辆"电子车辆"都能快速、安全地到达目的地。有了黏结剂的助力,电子的

传输效率得到了极大的提升,电池的整体性能也因此得到了显著增强。无论是在手机、电脑等便携式设备的日常使用中,还是在电动汽车、储能系统等大功率应用场合,黏结剂都默默地发挥着它的作用,保障着电池的高效、稳定运行。

(二)黏结剂的选择与优化

1. 选择标准

在选择黏结剂时,需要明确一系列严格的标准,以确保其能够适应硅材料的独特性质并维持电极结构的稳定。理想的黏结剂不仅要具有高黏附力,还需要展现出良好的弹性和出色的耐化学腐蚀性。高黏附力是确保黏结剂能够牢固地将硅材料与电极的其他组分连接在一起的关键,这是电极结构稳定的基础。同时,良好的弹性使得黏结剂能够在硅材料发生体积变化时进行有效的缓冲,防止电极结构因材料的膨胀或收缩而受损。此外,耐化学腐蚀性也是不可或缺的,因为在电池的充放电过程中,黏结剂可能会接触到各种化学物质,如果缺乏耐腐蚀性,黏结剂的性能会迅速下降,进而影响电极的整体性能。综上所述,选择合适的黏结剂是确保硅基电极结构稳定、提升电池性能的重要一环。

2. 优化策略

为了提升黏结剂的性能,进而增强电极的稳定性,可以采取一系列优化策略。其中,调整黏结剂的化学结构、分子量、结晶度等参数是关键。通过精心调整这些参数,可以显著提高黏结剂的各项性能。例如,增加黏结剂中的官能团数量是一个有效的策略。官能团是黏结剂分子中能够与其他物质发生化学反应的部分,增加官能团数量意味着黏结剂能够与硅材料形成更多的化学键,从而提高两者之间的相互作用力。这种增强的相互作用力不仅有助于提升黏结剂的黏附力,还能够更有效地传递应力,从而增强电极的稳定性。此外,调整黏结剂的分子量和结晶度也可以影响其弹性和耐腐蚀性,进一步优化电极的性能。通过这些策略,可以制备出更适应硅基材料特性的黏结剂,为高性能电池的制造奠定基础。

(三)新型黏结剂的研究进展

1. 自愈合黏结剂

自愈合黏结剂,作为一种新型的黏结材料,具有令人瞩目的特性。它不仅拥有出色的可拉伸性,使得黏结层能够在硅材料发生体积变化时随之伸缩,保持电极结构的完整性,还具备自发修复电极机械损伤的能力。这种自愈合的功能对于硅材料因充放电过程中的膨胀而产生的应力有着显著的缓解作用。此外,这类黏结剂的设计精妙之处在于其表面的官能团,这些官能团能够与硅材料形成强烈的相互作用,从而大大提高电极的稳定性。这种强相互作用不仅增强了黏结剂与硅材料之间的黏附力,还有效地分散了应力,防止了电极结构的破裂和失效。因此,自愈合黏结剂在硅基电池中的应用具有广阔的前景,为高性能、长寿命电池的研发提供了新的可能。

2. 功能性黏结剂

功能性黏结剂不仅满足了基本的黏结需求,更在黏结作用的基础上提供了额外的功能,如导电性、导热性等。这些附加功能使得功能性黏结剂在电极制备中扮演了更为重要的角色。通过增强电极的导电性,功能性黏结剂有助于电子在电极材料中的快速传递,从而提高电池的充放电效率。同时,其导热性能也有助于电池在工作过程中产生的热量快速散发,避免了因热量积聚而导致电池性能下降或安全隐患。这些额外功能的引入,使得功能性黏结剂在提升电极整体性能方面发挥了关键作用。随着技术的不断进步,功能性黏结剂有望在电池领域发挥更大的作用,推动电池性能的全面提升。

二、黏结剂类型与选择对循环稳定性的影响

(一)黏结剂类型及其特性

1. 天然高分子黏结剂

天然高分子黏结剂,如海藻酸钠、壳聚糖等,以其独特的生物相容性和可降解性在黏结剂领域占据了一席之地。这些黏结剂来源于自然,具有良好的环保性,且在使用过程中对人体和环境无害,因此,在医疗、食品包装等领域得到了广泛应用。然而,它们也存在一定的局限性,尤其是耐水性和耐高温性能相对较差。在潮湿环境或高温条件下,这些天然高分子黏结剂的黏结力会大幅下降,甚至可能出现脱落或失效的情况。因此,在实际应用中,需要综合考虑其优缺点,根据具体使用环境和要求进行选择。

2. 合成高分子黏结剂

合成高分子黏结剂,诸如聚乙烯醇(PVA)与聚丙烯酸(PAA),无疑是现代工业中闪耀的明星材料。它们凭借出色的黏结强度和耐久性,在各种极端环境中都能坚守岗位,保持稳定的黏结性能,展现出了超凡的"韧性"。在电极材料的制备过程中,合成高分子黏结剂更是不可或缺的重要角色。它们如同巧手的工匠,将电极材料紧密地黏结在一起,构建出一个坚固、稳定的整体。这种黏结不仅提高了电极的导电性能,还增强了其结构强度,使得电极在长时间、

高负荷的工作状态下依然能够保持出色的性能。更令人称赞的是,合成高分子黏结剂还拥有出色的耐水、耐高温等特性。这意味着,无论是在潮湿的环境还是高温的条件下,电极都能保持其原有的性能,不会出现脱落或断裂的情况。这种卓越的性能使得合成高分子黏结剂在电池、电子等领域得到了广泛的应用,成为了推动这些领域发展的重要力量。

3. 导电黏结剂

导电黏结剂这种融合了黏结与导电双重功能的特殊材料,正逐渐在电子领域崭露头角。它如同一位技艺高超的魔术师,将电极材料紧密地黏合在一起,同时赋予它们出色的导电能力。在电池等电子设备的核心部件中,导电黏结剂发挥着至关重要的作用。它像是一条高效的"电子通道",将电子从电极的一端迅速传输到另一端,大大降低了电极的内阻,提升了电子的传输效率。这意味着电池能够更快地充电,更持久地放电,从而为更长久、更稳定的电力提供供应。导电黏结剂还展现出了良好的柔韧性和耐腐蚀性。在电池充放电的过程中,电极材料往往会经历体积的膨胀和收缩。而导电黏结剂能够灵活适应这种变化,保持电极结构的稳定性,防止因材料脱落或断裂而导致的性能下降。同时,它还能有效抵抗化学腐蚀,确保电极在恶劣环境下依然能够稳定工作。

(二) 黏结剂选择对循环稳定性的影响

1. 电化学稳定性

在电池系统中,黏结剂的作用远不止于将电极材料简单地黏结在一起。实际上,黏结剂在电池运行过程中需要面对多重挑战,特别是电极材料的物理变化以及电解液的腐蚀性影响。在电池充放电过程中,电极材料会发生膨胀和收缩,这就要求黏结剂有足够的弹性和韧性来适应这些物理变化,保持电极结构的完整性。更为重要的是,黏结剂还必须能够抵御电解液中腐蚀性物质的侵蚀。电解液中常含有强酸、强碱或其他具有腐蚀性的化学成分,这些成分可能会对黏结剂造成损害,进而影响电极的稳定性。因此,黏结剂的化学稳定性至关重要。化学稳定性高的黏结剂,意味着它不易与电解液中的化学成分发生不利反应,这样就能够避免因黏结剂性能退化而导致的电极失效问题。这种化学稳定性不仅关乎电池的持久性能,更直接关系到电池的使用安全。能够长期保持稳定的黏结剂,可以大大延长电池的使用寿命,减少因电极材料脱落或结构破损而引发的安全风险。同时,它也提高了电池的整体可靠性,让用户能够更加信赖和依赖电池的性能。

2. 与电极材料的相容性

黏结剂与电极材料的相容性在电池性能中扮演着举足轻重的角色。良好的黏结剂,必须与电极材料达到良好的相容,这样才能保证它们之间的紧密结合,形成良好的界面。这种紧密的结合对于电池的运行至关重要,因为它直接影响到电子在电极材料和黏结剂之间的传输效率。当黏结剂与电极材料之间达到高度相容时,界面电阻会显著降低。界面电阻的减小意味着电子在传输过程中遇到的阻碍减少,因此电子能够更顺畅、更快速地在电极材料和黏结剂之间移动。这种高效的电子传输对于提升电池的整体性能至关重要,尤其是在电池处于高负荷运行状态时,它能够确保电池快速、稳定地输出电能。除了影响电子传输效率外,黏结剂与电极材料的相容性还关系到电池的安全性和耐久性。良好的黏结剂能够有效防止电解液在电极材料和黏结剂之间的微小缝隙中渗透。这种防护作用至关重要,因为电解液的渗透不仅会损害电极材料,还可能引发电池内部的短路,甚至导致电池失效。因此,黏结剂与电极材料的良好相容性不仅关乎电池的性能,更直接关系到电池的安全性和使用寿命。

(三)优化黏结剂选择以提升循环稳定性

1. 定制黏结剂

定制黏结剂作为一种创新的解决方案,正逐渐在电池制造领域展现出其独特的价值。不同于传统的、通用的黏结剂,定制黏结剂是根据特定电极材料和应用场景的需求进行量身打造的。这种方法的实施,建立在对电极材料特性和工作环境的深入理解之上。只有充分掌握了这些信息,才能针对性地设计和合成出最合适的黏结剂。定制黏结剂的优势在于,它能够精准地优化黏结强度和耐久性,无论是在高温还是低温,无论是在高湿还是干燥环境,定制黏结剂都能确保电极在充放电过程中维持结构的稳定性。这种稳定性不仅关乎电池的性能,更直接关系到电池的安全性。除此之外,定制黏结剂还充分考虑了电极材料的化学性质。通过提高黏结剂与电极材料之间的相容性,可以进一步增强电极的循环稳定性。这种相容性的提升,使得电子在电极材料和黏结剂之间的传输更为顺畅,从而提高了电池的整体性能。

2. 混合黏结剂使用

混合使用不同类型的黏结剂,在电极制造中显示出了显著的效果。每种黏结剂都有其独特的特性和优势,通过巧妙地结合,可以综合这些优点,从而有效地提升电极的循环稳定性。例如,某些黏结剂以超强的黏结强度和耐久性著称,它们能够牢固地将电极材料黏结在一起,确保电极在经历多次充放电循环后仍能保持结构的完整性。而另一些黏结剂则在化学稳定性方面大放异彩,它们能够抵御电解液的腐蚀,保护电极免受化学侵蚀的损害。当这些各具特色的黏结剂被混合使用时,它们之间的协同效应开始显现。那些以黏结强度和耐久性见长的黏结剂为电极提供了坚实的结构基础,而化学稳定性出众的黏结剂则为电极加上了一层防护罩。这种混合策略不仅强化了电极的物理结构,还增强了其化学抗性,使得电极在充放电过程中能够更好地应对体积变化和化学腐蚀的挑战。

三、黏结剂含量与循环稳定性的关系

(一)黏结剂含量的影响

1. 对电极结构的影响

黏结剂含量的多少在电极制造中是一个至关重要的参数,它直接影响到电极的结构稳定性。适量的黏结剂可以发挥其优良的黏结性能,将电极材料紧密地黏结成一个坚实的整体。这种稳定性不仅有助于防止电极材料在充放电过程中的松动或移位,还能确保电极结构的完整性。一个结构稳定的电极能够更好地承载和传递电流,从而有利于电子在电极中的顺畅传输。此外,黏结剂的均匀分布也有助于形成均匀的导电网络,进一步提高电极的导电性能。因此,在电极制造过程中,合理控制黏结剂的含量是确保电极结构稳定性的关键环节。

2. 对充放电性能的影响

黏结剂含量在电极的充放电性能中扮演着举足轻重的角色。黏结剂含量过高或过低都可能对电极的充放电性能产生显著的负面影响。当黏结剂含量过高时,它可能会在电极材料中形成过多的阻隔层,阻碍电子的有效传输。这会导致电极的内阻增加,降低电池的放电效率和能量密度。相反,如果黏结剂含量过低,电极材料之间的黏结力会减弱,这可能导致电极材料在充放电过程中的脱落或龟裂。这种情况会严重影响电极的导电性和机械稳定性,进而降低电池的循环寿命和整体性能。因此,为了获得最佳的充放电性能,必须精确控制黏结剂的含量,以确保电极材料的良好黏结和电子传输的顺畅进行。

(二)优化黏结剂含量以提升循环稳定性

1. 实验确定最佳含量

为了找出最佳的黏结剂含量,实验是不可或缺的环节。通过实验测定不同黏结剂含量下电极的循环稳定性,可以获得直接而准确的数据支持。这一过程中,制备了含有不同黏结剂比例的电极样品,并在相同条件下进行充放电循环测试。通过观察电极在不同黏结剂含量下的性能变化,特别是循环稳定性的表现,能够逐步缩小黏结剂含量的最佳范围。这种方法不仅科学严谨,而且实用有效,能够帮助明确黏结剂含量与电极性能之间的具体关系,并最终确定出最佳的黏结剂含量。这样的实验结果对于指导电池生产过程中的黏结剂使用具有重要意义。

2. 理论计算辅助优化

除了实验测定,理论计算也是优化黏结剂含量的重要手段。利用数学模型和模拟软件,对黏结剂含量进行优化计算。这些模型和软件能够模拟电极在不同黏结剂含量下的性能表现,帮助预测并优化黏结剂的使用量。通过输入电极材料的物理和化学性质、黏结剂的特性等参数,模拟软件能够输出电极在不同黏结剂含量下的性能数据。这些数据不仅为黏结剂的使用量提供了理论支持,还能在实验前对黏结剂含量进行初步筛选和优化。通过这种方式,能够更加高效地确定最佳的黏结剂含量,减少实验过程中的盲目性和资源浪费。理论计算与实验测定的相互结合,使得黏结剂含量的优化工作更加科学、准确和高效。

(三)验证与性能评估

为了评估不同黏结剂含量电极的循环稳定性,可以利用充放电循环测试。这项测试至关重要,因为它能够模拟电极在实际应用中的充放电过程,从而揭示黏结剂含量对电极性能的真实影响。在测试中,仔细观察并记录电极在不同循环次数后的性能变化,包括初始容量、容量衰减率以及库仑效率等关键指标。初始容量是衡量电极性能的重要指标之一,它反映了电极在首次充放电过程中的储能能力。容量衰减率则显示了电极在循环使用过程中的性能衰减情况,是评估电极稳定性的关键参数。而库仑效率则衡量了电极在充放电过程中的能量转换效率。通过对比不同黏结剂含量电极的性能数据,发现了一个显著的规律:黏结剂含量适中的电极在循环稳定性方面表现尤为出色。这一发现不仅验证了黏结剂含量对电极性能的重要影响,更为未来的电极设计提供了宝贵的指导。适中的黏结剂含量能够确保电极结构的稳定性和导电性,从而提高电极的循环寿命和整体性能。

第四章　黏结剂在硅基负极材料中的应用

第一节　黏结剂对硅基负极材料性能提升的实例分析

一、多比例聚丙烯酸-聚多巴胺交联黏结剂性能研究

(一)实验制备

不同比例的聚丙烯酸-聚多巴胺(PAA-PDA)的黏结剂的制备过程如图8所示。

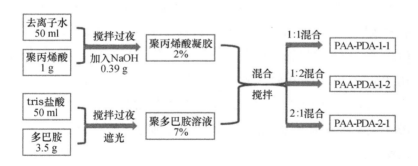

图8　多比例聚丙烯酸-聚多巴胺黏结剂制备过程图

首先,将3.5 g的多巴胺粉末与50 ml的tris盐酸混合,在遮光条件下进行搅拌过夜,至混合溶液变成棕黑色,合成均匀的聚多巴

胺溶液。然后,将 1 g 聚丙烯酸粉末与 50 ml 去离子水混合,搅拌过夜,直至白色粉末全数溶解均匀,并加入 0.39 g NaOH,形成凝胶状的均匀混合的聚丙烯酸凝胶。随后,将聚多巴胺溶液与聚丙烯酸溶液按照聚多巴胺:聚丙烯酸分别为 1:1,1:2,2:1 的比例混合均匀,搅拌过夜,形成凝胶状的颜色深度深浅不一的混合聚多巴胺-聚丙烯酸溶液,分别标注为 PAA-PDA-1-1,PAA-PDA-1-2,PAA-PDA-2-1,并在阴凉处保存。

(二) 多比例聚丙烯酸-聚多巴胺交联黏结剂结构表征

红外光谱的表征如图 9 所示,1 625 cm 为 PDA 苯环上的 C=C 共振峰,1 278 cm 为 PDA 酚中的 C—O 单键伸缩振动,在 1 515 cm 为 PDA 中氨基的 N—H 弯曲振动峰,红外光谱显示 PDA 成功氧化聚合。PAA 在 1 717 cm 为 —COOH 上 C=O 伸缩振动峰,3 430 cm 为 PAA 中 —OH 伸缩振动吸收峰,1 452 cm 为 —COO 基团的对称与非对称伸缩振动吸收峰,在三个比例的样品中出现的同一个宽峰位置为 1 625 cm 的宽峰,这是典型的 PDA 中苯环上的 C=C 共振吸收峰位置,而对应于 1 717 cm 附近处没有明显峰位置,说明 PDA 与 PAA 没有发生酰胺缩合反应,三个比例的样品与 PDA,PAA 红外相比,PAA 与 PDA 发生的不是简单的机械混合,而是出现了键合。结合 PDA 与 PAA 的结构发现在 PDA 的邻苯二酚的两个羟基可以与 PAA 的羧基发生类似半缩醛反应进一步脱水生成醚,而三个比例的样品在 1 067 cm(C—O—C)峰与 PDA 中峰有所重叠。从红外光谱可见,三种样品中 PDA 与 PAA 发生了相应的键合作用而不是简单的机械混合作用。

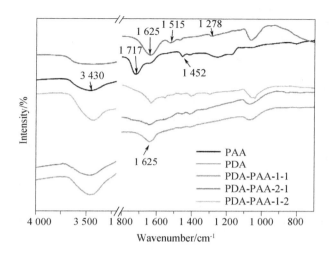

图 9　PAA-PDA-1-1,PAA-PDA-1-2,PAA-PDA-2-1,
PDA 和 PAA 的 FTIR 对比图

(三) 多比例聚丙烯酸-聚多巴胺交联黏结剂循环性能测试

1. 基础循环性能测试

为探寻多比例聚丙烯酸-聚多巴胺交联黏结剂的电化学性能,找寻出最优的黏结剂比例,本实验将利用不同比例的 PAA-PDA 交联黏结剂 PAA-PDA-1-1,PAA-PDA-1-2,PAA-PDA-2-1 制备出三种类型的电池,并分别在倍率为 0.2 C 的循环速率、0.01—1.2 V 的电压区间内进行恒电流的充放电相关测试,测试结果如图 10 所示。

在 0.2C 倍率下,三种比例黏结剂组装成的复合硅电极,在 200 次循环中显现出相似的下降态势,并且在第 1 次循环后比容量衰减尤其明显。这可能是因为在初次循环反应过程中,生成 SEI 膜的过程会损耗一些锂离子,使得比容量相比第 2 次循环呈现偏高的趋

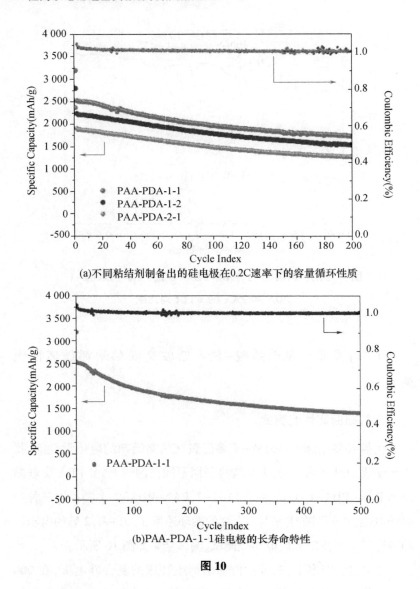

(a)不同粘结剂制备出的硅电极在0.2C速率下的容量循环性质

(b)PAA-PDA-1-1硅电极的长寿命特性

图10

势。其中,PAA-PDA-1-1复合电极,在初次循环反应过程中获得
3 191 mAh/g 的初始放电比容量,而在循环 1 次后可逆比容量衰减

至 2 523 mAh/g。循环 100 次后,容量衰减至 1 961 mAh/g,容量保留率是 77.7%,平均每次衰退速率为 0.223%。同时,在 100 次循环后电池衰减趋势逐渐放缓,显示出电极状态逐渐趋向稳定。循环 200 次后可逆比容量为 1 718 mAh/g,容量保留率是 68%,100 次循环后的平均容量衰减率降至 0.1% 以下。PAA-PDA-1-2 黏结剂制备的复合电极在初始放电时获得 2 800 mAh/g 的初始放电比容量,第 2 次循环时可逆比容量降低至 2 235 mAh/g。充放电 100 次后 PAA-PDA-1-2 电极比容量降落到 1 779 mAh/g,容量保留率降到 79.6%,每次循环的平均容量衰减速率为 0.204%,并在 200 次后比容量降为 1 524 mAh/g,容量保留率降至 68%,平均每次循环衰退速率略大于 0.1%。PAA-PDA-2-1 黏结剂复合电极获得 2 363 mAh/g 的初始放电比容量,并在第 2 次循环时降至 1 900 mAh/g。充放电 100 次后电极比容量衰减至 1 482 mAh/g,容量保留率是 78%,平均每次循环衰退速率为 0.22%,并在 200 次后比容量降为 1 260 mAh/g,容量保留率降至 66%,平均每次循环衰退速率略大于 0.1%。三种样品制备出的复合电极充放电性能测试对比如表 5 所示。

表 5　三种不同比例的黏结剂的容量特性对比

	PAA-PDA-1-1 复合电极	PAA-PDA-1-2 复合电极	PAA-PDA-2-1 复合电极
首次循环放电比容量(mAh/g)	3 191	2 800	2 363
第 200 次循环的放电比容量(mAh/g)	1 718	1 524	1 260
平均每次循环容量衰减速率(%)(第 100 至 200 次循环)	<0.1%	>0.1%	>0.1%

从图 10a 与表 5 中可以明显的看出,PAA-PDA-1-1 复合电极初始放电比容量远大于另外两类电极,并在 200 次循环过程中都保持着比容量较大的优势,显示出 PAA-PDA-1-1 复合电极优异的容量特性。在最开始的 100 次循环过程中,PAA-PDA-1-2 复合电极容量衰退速率略小于 PAA-PDA-1-1 复合电极,但是在 100 次循环后衰退速率更快,长期稳定性不佳。对比而言,PAA-PDA-2-1 复合电极初始放电容量最小,容量初期容量衰退速率大于 PAA-PDA-1-2 复合电极,长期稳定性差于 PAA-PDA-1-1 复合电极。综合容量以及长期稳定性等特性,三种黏结剂中 PAA-PDA-1-1 黏结剂在维持电池性能方面体现出更大的优异性。由图 11b 可以看出,随着循环次数的增加 PAA-PDA-1-1 复合硅电极衰减趋势越来越缓慢,在循环 200 次后衰退速率明显减慢。充放电 500 次后电池可逆比容量降至 1 410 mAh/g,容量保留率约为 56%,在 200 至 500 次循环的范围内只衰减了 12%,平均每次循环的衰退速率仅为 0.04%。并且,在 500 次循环中 PAA-PDA-1-1 复合电极的库伦效率稳定在 100% 左右,显示出优异的可逆性能。这些数据显示出 PAA-PDA-1-1 复合电极在长循环过程中越来越稳定的特性,这可能与循环过程中越来越稳定的 SEI 膜的形成有关。

2. 充放电性能测试

为进一步探测不同比例的 PAA-PDA 黏结剂对电池性能的影响,在这里进行不同比例 PAA-PDA 复合电极的充放电曲线分析,如图 11 所示。

从图 11(a)中三种复合电极的初始充放电曲线可以看出,PAA-PDA-1-1 复合电极显示出最好的初始充放电容量特性。从图 11(b)到 11(d)对比中可以看出,不同比例的 PAA-PDA 复合硅电极呈现出相似的曲线特性,在第一次放电过程中放电曲线出现一个

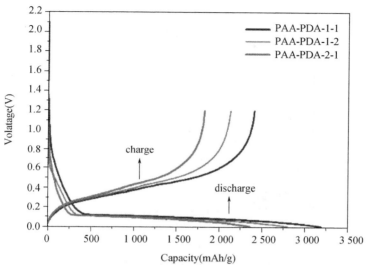

(a)三种比例的PAA-PDA复合硅电极的初始充放电曲线比较图

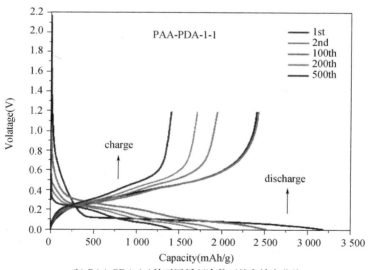

(b) PAA-PDA-1-1的不同循环次数下的充放电曲线

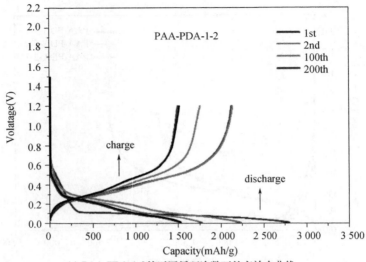

(c) PAA-PDA-1-2的不同循环次数下的充放电曲线

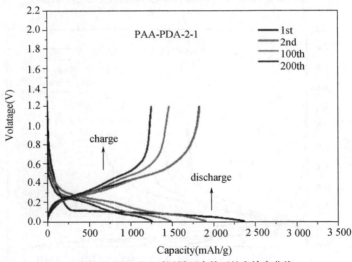

(d) PAA-PDA-2-1不同循环次数下的充放电曲线

图 11

非常明晰的,电压值小于 0.1 V 的长而平坦的放电电压平台,这与锂离子插入的行为有关。在首次循环反应过程中,在 0.2 V—0.6 V 电压间隔内出现一个相对平稳的倾斜平台,这与锂离子从 Li_xSi 相中脱嵌的行为有关。在随后的放电过程中,平坦的放电平台变为电压值在 0~0.3 V 左右的倾斜平台,并且充放电倾斜平台间的距离随着循环次数的增加而增大。这可能是因为不断的充放电使电极的极化程度增加,降低锂离子传导速率。

3. 大倍率放电测试

在 2 C 倍率与 0.01—1.2 V 电压区间下,本实验对 PAA–PDA–1–1 复合电极进行 500 次大倍率深度充放电,如图 12(a)所示。由图可见,第一次循环时电池容量只有 14 mAh/g,这可能是因为初期充放电过程中活性材料没有充分活化,大量硅颗粒并未参与反应。第二次循环时容量上升至 2 518 mAh/g,随后下降至 2 229 mAh/g,显示出 PAA–PDA–1–1 复合电极在大电流时仍拥有较高的放电比容量。在第 3 到 12 次循环中,比容量呈现逐渐上升的趋势,并在第 12 次循环时比容量上升至 2 383 mAh/g,这可能是因为不断的充放电循环使越来越多的晶体硅参与循环,形成 Li_xSi 相,提升电池容量。从第 13 次循环开始,容量呈现递减的趋势,在循环 200 次后容量衰减至 1 611 mAh/g,与第二圈相比容量衰减至 64%。此后 PAA–PDA–1–1 复合电极的衰退速率更慢,在循环 500 次后比容量为 1 321 mAh/g,容量保留率是 52%,平均每圈衰退速率为 0.04%,显示出电极的长循环稳定性。

为继续探究 PAA–PDA–1–1 复合电极在恒定容量下的充放电循环特性,本实验设定恒定容量为 1 000 mAh/g,使电极在 0.2 C 倍率下循环 5 次进行活化,随后在 0.5 C 倍率条件下进行恒容充放电相关测试,测试结果如图 12(b)所展示。实验结果显示,PAA–PDA–

1-1复合电极在 1 000 mAh/g 的恒定容量下充放电时,在 200 次循环后没有衰减,曲线十分稳定,显示出电极在恒容条件下的稳定性。

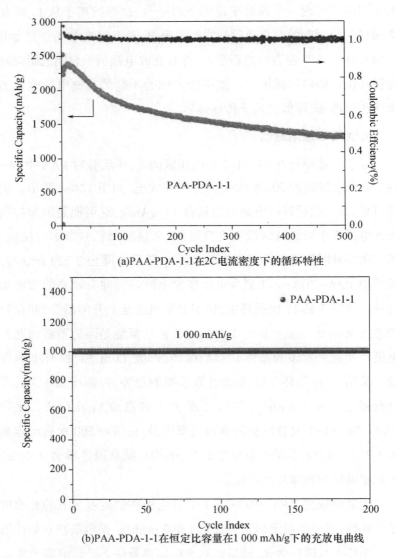

(a)PAA-PDA-1-1在2C电流密度下的循环特性

(b)PAA-PDA-1-1在恒定比容量在1 000 mAh/g下的充放电曲线

图 12   PAA-PDA-1-1 硅电极

4. 多倍率充放电测试

为进一步探究多比例 PAA-PDA 复合硅电极的倍率循环特性,本实验分别在 0.1 C、0.2 C、1 C、2 C、4 C、0.2 C、0.1 C 的循环速率下按照以上顺序依次在每种倍率下循环五圈,如图 13 所示。由图可见,三种电极都具备较好的倍率循环特性与可逆性能,不仅库伦效率优异,并且在进行 4 C 的大倍率放电后比容量仍能基本回到初始循环状态。比较而言,PAA-PDA-1-1 复合硅电极能获得最优异的倍率性能与可逆性能,不仅在相同倍率下能获得更加优异的可逆循环比容量,并且在 4 C 放电时,比容量仍有 0.1 C 放电时的 60%左右,显示出最优异的大倍率放电特性。同时,在继续恢复到 0.1 C 进行倍率放电时,PAA-PDA-1-1 复合硅电极的容量保留率达 95%左右,进一步显示出电极良好的可逆特性。

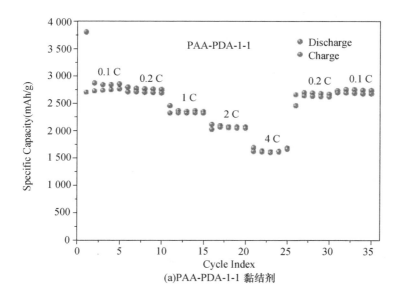

(a)PAA-PDA-1-1 黏结剂

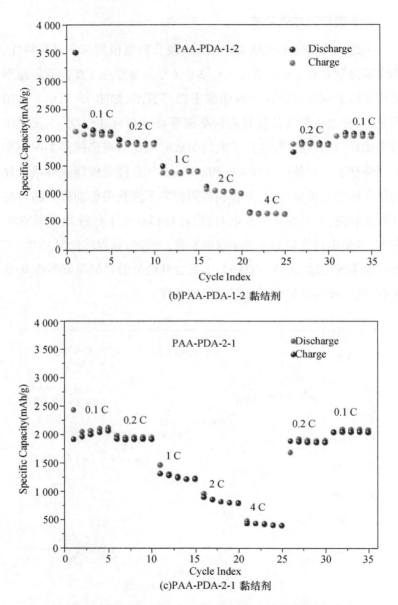

(b)PAA-PDA-1-2 黏结剂

(c)PAA-PDA-2-1 黏结剂

图 13　不同黏结剂制备出的硅负极的多倍率循环性能表征

5. 高负载充放电测试

利用 PAA-PDA-1-1 制备出的高负载硅电极(总负载量约为 1.25 mg),在 0.01—1.2 V 电压区间与 2 C 倍率条件下进行深度充放电测试,如图 14(a)所示。由图可以看出,PAA-PDA-1-1 高负载硅电极在首次充放电循环后能获得 2 437 mAh/g 的放电比容量,并在第 2 次循环时比容量衰退至 2 058 mAh/g。在随后的循环进程中,PAA-PDA-1-1 高负载硅电极显示出与低负载条件下同相似的循环趋势,随着循环次数的增长循环衰退速率降低,显示出越来越稳定的电池循环结构。前 50 次循环中电极比容量衰减较为剧烈,获得 1 628 mAh/g 的可逆比容量与 79% 的容量保留率。循环 100 次后电极比容量降至 1 484 mAh/g,容量保留率约为 62%,下降趋势放缓,显示出越来越稳定的电化学特性。与 PAA-PDA-1-1 低负载复合硅电极相比,高负载复合电极衰退速率明显增大,这可能是因为高负载电极中,活性物质硅的含量明显增大,但是黏结剂含量有限,在不断地充放电过程中 PAA-PDA-1-1 的整体结构无法适应如此大量的硅颗粒同时膨胀,使一部分活性物质脱离整个导电网络,破坏电极完整性,进而损失容量。随后,本实验在 1C 倍率、1 000 mAh/g 恒定容量下进行恒容充放电相关测试,如图 14(b)所示,获得循环 500 次后未衰减的充放电循环曲线,显示出 PAA-PDA-1-1 高负载硅电极在恒容下的循环稳定性。

(四)多比例聚丙烯酸-聚多巴胺交联黏结剂电化学特性分析

1. 循环伏安测试

为了解不同比例的 PAA-PDA 对电池电化学性能的影响,本实

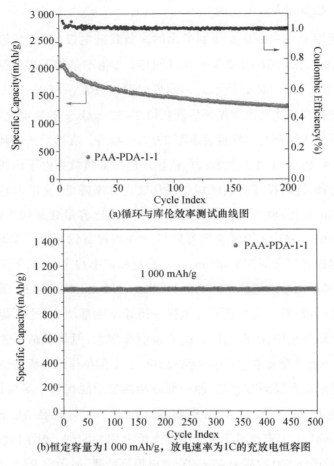

(a)循环与库伦效率测试曲线图

(b)恒定容量为1 000 mAh/g，放电速率为1C的充放电恒容图

图 14　PAA-PDA-1-1 高负载硅电极

验通过循环伏安(CV)扫描系统,在 0.1 V—1.2 V 电压区间内,对电池进行扫描,系统研究这些不同比例样品的电化学机理。

　　对 PAA-PDA-1-1、PAA-PDA-1-2、PAA-PDA-2-1 三种黏结剂制备出的复合硅电极,本实验进行循环伏安相关测试,如图 15 所示。实验发现,三种复合硅电极的 CV 曲线具备相似性,都体现出复合硅电极还原氧化反应的特征。在进行第一次扫描时,可观察到一个在 0 V 左右的还原峰和两个在 0.32~0.34 V 和 0.51~0.52 V 左右的氧化峰。在第 2 次扫描时,在 0.19~0.20 V 左右的位置处出现一个额外的还原峰。一般来讲,在 0 V 左右的还原峰被认为是结晶和非晶硅的特征峰,而 0.19~0.20 V 左右处的还原峰和 0.32~0.34 V 和 0.51~0.52 V 左右的氧化峰是由于放电时 Li_xSi 合金的产生而形成的特征峰。在第 1 次正极扫描过程中,电极中仅存在晶体硅,因此仅在 0 V 处观察到一个还原峰。然而,在锂插入过程中晶体硅逐渐转变为非晶态硅,因此随后在负极扫描过程中可观察到两个非晶硅特征的氧化峰。而在第 2 次扫描中,因为非晶态硅的存在出现一个新的 0.19 V 左右的还原峰,并且两个氧化峰的强度有着明显的增加。这个现象的存在可能是因为,在反复的还原氧化过程中,锂离子不断地在复合电极上进行插入与脱嵌,使锂离子与活性材料硅颗粒间接触更加充分,将原本残留的少量结晶硅转换为非晶态硅,加强电极活性程度,最终增加 CV 峰强。

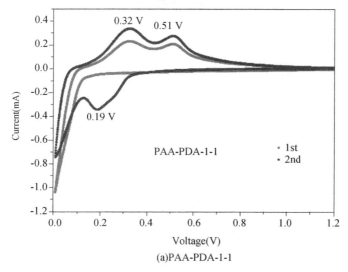

(a)PAA-PDA-1-1

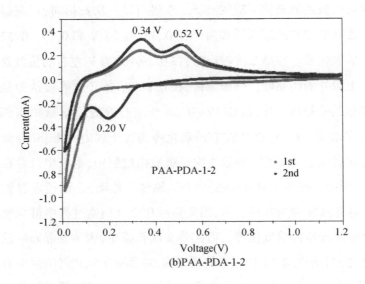

(b)PAA-PDA-1-2

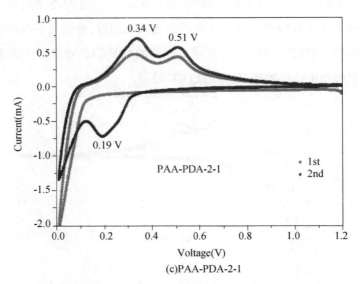

(c)PAA-PDA-2-1

图 15　不同黏结剂制备出的硅电极的 CV 曲线图

2. 电化学交流阻抗测试

EIS 分析是一类常用的电化学方向的分析技术,可用来研究锂离子电池电极中发生的动力学相关问题。通过 EIS,可以获得电极中电化学反应过程的电阻,以此来推断电极中电化学和物理性质的演变。在这里,通过监测三种不同比例的 PAA-PDA 复合硅电极的阻抗变化与循环次数间的关系,来研究电池的容量下降机理,以及黏结剂成分的改变对电池阻抗的影响。

对 PAA-PDA-1-1 复合电极,如图 16(a)所示,第一次循环时高频区与中频区奈奎斯特半圆较小,低频区斜率较大,显示出较好的初始电化学状态。随着反次数的增多,高频区与中频区奈奎斯特半圆都呈现出一种先增大后减小的趋势,低频区的斜率逐渐减小。这可能是因为循环初期 SEI 膜的生长以及电极各组分间不断浸润接触的过程,增加电子接触电阻和电荷转移电阻,增大阻抗。随着电极 SEI 膜以及各组分逐渐趋于稳定,阻抗逐渐减小,并在 200 次循环后显示出与循环前期相近的阻抗特性。低频区斜率逐渐减小显示出锂离子扩散难度的增加,这也是比容量降低的原因之一。相较而言,图 16(b)和 16(c)所展示的 PAA-PDA-1-2 复合硅电极和 PAA-PDA-2-1 复合硅电极的阻抗明显更大,稳定性更低,这与循环容量特性一致,显示出较低的比容量和较快的衰退速率。同时,在图 16(d)中可以明显看出,PAA-PDA-1-1 复合硅电极的低频区斜率第一次循环时明显优于另外两种比例的电极,显示出更优异的锂离子扩散性能,这也与 PAA-PDA-1-1 复合硅电极较高的比容量特性一致。

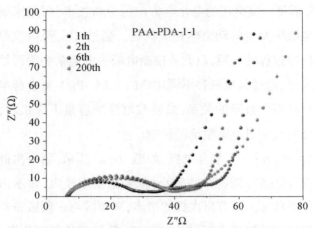

(a)PAA-PDA-1-1黏结剂制备出硅电极在不同循环次数下的奈奎斯特圆

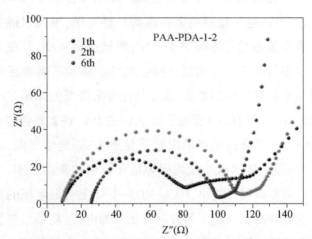

(b)PAA-PDA-1-2黏结剂制备出硅电极在不同循环次数下的奈奎斯特圆

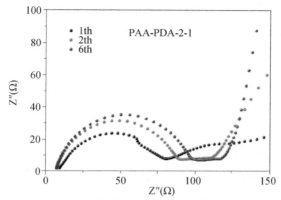

(c)PAA-PDA-2-1黏结剂制备出硅电极在不同循环次数下的奈奎斯特圆

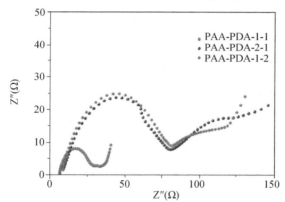

(d)三种不同黏结剂制备出的硅电极在第一次循环下的奈奎斯特圆对比图

图16

3. 等效电路分析

根据 EIS 谱特征与上述讨论研究,在这里为不同比例的 PAA-PDA 复合硅电极奈奎斯特图提出等效电路,如图17(a)所示。

由图可见,该等效电路由一个电阻 REL,三个并联的恒相位元件和电阻 R_{SEI}、R_{INT}、R_{CT},以及 Warburg 扩散元器件构成。其中 R_{EL}、R_{SEI}、R_{INT}、R_{CT} 分别代表着电解质电阻、SEI 膜电阻、相间电子接触电阻与电荷转移电阻。图 17(b)为利用该等效电路,通过对第一次循环的电化学阻抗谱的奈奎斯特圆进行拟合,得到不同比例 PAA-PDA 复合硅电极的四种不同阻抗值对比图。由图可以得出,三种电极中 PAA-PDA-1-1 复合电极的 R_{EL}、R_{SEI}、R_{INT}、R_{CT} 四种电阻都显示出最小值,表明 PAA-PDA-1-1 作为黏结剂时整个电极的 SEI 膜稳定性、离子扩散、界面接触性能等内在特性都表现良好,与容量特性与循环稳定性等特征呈现出一致性,进一步看出 PAA-PDA-1-1 作为黏结剂的优异性。同时,从图 17(b)可见 PAA-PDA-1-2 复合硅电极 R_{SEI} 较大,可能原因是电极 SEI 膜的不稳定性,导致在充放电过程中 SEI 膜不断破碎与重新生长,形成过厚的 SEI 膜,导致锂离子传输性能受到限制。PAA-PDA-2-1 复合硅电极的 R_{EL}、R_{INT} 与 R_{CT} 都是最大值,也显示出电极内部的不稳定性,使比容量在三种电极中最小,衰减最快。

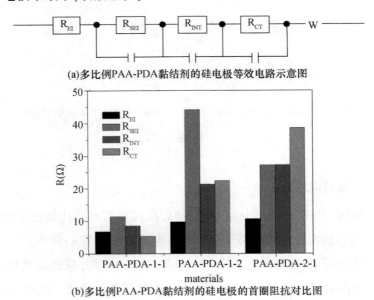

(a)多比例PAA-PDA黏结剂的硅电极等效电路示意图

(b)多比例PAA-PDA黏结剂的硅电极的首圈阻抗对比图

图17

（五）聚丙烯酸–聚多巴胺交联黏结剂机械性能与形貌分析

1. 剥离性能测试

为探寻 PAA–PDA–1–1、PAA–PDA–1–2 与 PAA–PDA–2–1 复合硅电极的机械性能,本实验利用拉力测试仪进行了 180°剥离测试实验,实验结果如图 18 所示。

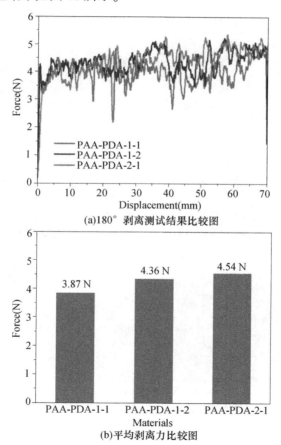

(a)180°剥离测试结果比较图

(b)平均剥离力比较图

图 18　PAA–1–1、PAA–PDA–1–2、PAA–PDA–2–1 硅电极的机械性能测试

2. 微观形貌分析

为探寻三种比例的 PAA-PDA 复合硅电极循环前后形貌特征的变化,研究其循环的内在机理,本实验利用扫描电子显微镜进行三种电极的形貌分析,微观形貌结构如图 19 所示。从图中可以看出,循环前各电极的微观形貌上具备相似性,SEM 中能看见明显的纳米硅颗粒和黏结剂。比较而言,PAA-PDA-1-1 的均匀性最好,结块与团簇现象较少。

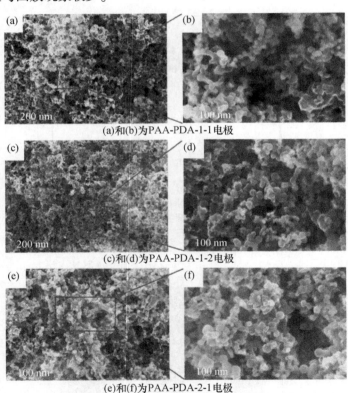

(a)和(b)为PAA-PDA-1-1电极

(c)和(d)为PAA-PDA-1-2电极

(e)和(f)为PAA-PDA-2-1电极

图 19　三种不同比例的 PAA-PDA 制备出的硅电极循环前不同放大倍数的 SEM 图

循环 200 次后的 SEM 图如图 20 所示,PAA-PDA-1-1 复合硅

电极明显裂缝较少,并且在放大之后可以见到明显的硅颗粒,粉碎相对较少,进一步验证 PAA-PDA-1-1 黏结剂在循环中优异的黏结性能。

(a)和(b)为PAA-PDA-1-1电极

(c)和(d)为PAA-PDA-1-2电极

(e)和(f)为PAA-PDA-2-1电极

图 20　不同比例的 PAA-PDA 制备出的硅电极循环反应 200 次后放大不同倍数的 SEM 图

3. 机理分析

结合以上实验数据与实验结果分析,在这里做出关于三种黏结剂 PAA-PDA-1-1、PAA-PDA-1-2、PAA-PDA-2-1 复合硅电极的合成原理图与反应机理图分别如图 21 和 22 所示。

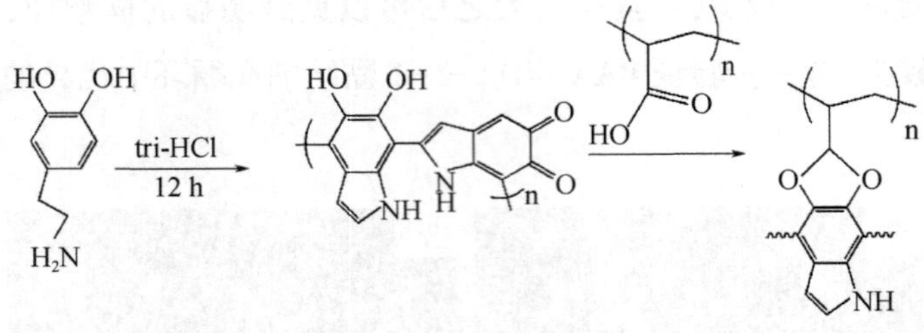

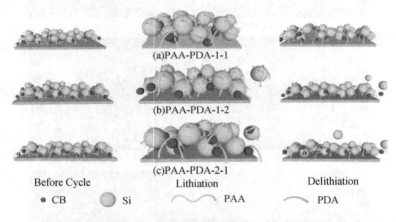

图 21　多比例 PAA-PDA 交联黏结剂合成结构示意图

Before Cycle　　Lithiation　　Delithiation
● CB　　　○ Si　　　∿ PAA　　　∽ PDA

(a)PAA-PDA-1-1

(b)PAA-PDA-1-2

(c)PAA-PDA-2-1

图 22　三种不同比例的黏结剂制备出的电极原理概念图

　　PAA-PDA-1-1 复合硅电极原理图如图 22(a)所示,当 PAA 组分与 PDA 组分按照 1:1 的比例进行添加时,能获得最均匀,交联最充分的黏结剂。因此,在不断地循环反应过程中,虽然 PAA-PDA-1-1 复合硅电极具备大于 300% 的体积收缩与膨胀,但是充分交联的黏结剂能形成最致密立体的三维结构,多位点防止硅颗粒掉落,使活性材料在去锂化后仍与整个电极连接紧密,保证整个电极的完整性。PAA-PDA-1-2 与 PAA-PDA-2-1 复合硅电极的原理图分别如图 22(b)与 22(c)所示,PAA 或 PDA 的过多会导致部分黏结剂未被充分、均匀交联,形成的三维致密结构存在空隙,造成体积变化后脱落的硅颗粒与整个电极失联,导致容量衰减,循环稳定性降低。

二、聚氨酯-聚多巴胺交联黏结剂性能研究

(一)实验制备

聚氨酯-聚多巴胺(PU-PDA)交联黏结剂制备过程如图 23 所示。将白色粉末状的多巴胺取 3.5 g 溶入 50 ml tris 盐酸(pH = 8.5 左右)中,在遮光条件下搅拌过夜,直至完全溶解均匀,获得黑黄色溶液 A(聚多巴胺溶液)。将质量含量为 35%的聚氨酯溶液加水稀释至 8%,搅拌均匀,获得浅白色溶液 B(聚氨酯溶液)。将溶液 A 和溶液 B 以聚多巴胺(PDA)和聚氨酯(PU) 1:1 的比例混合搅拌,并加入占有效溶质 10%质量的固化剂,均匀搅拌,获得最终的黏结剂,棕黄色溶液 C。随后,将溶液 B 分别与微米硅(SiMP)和纳米硅(SiNP)混合,溶液 C 与纳米硅混合,制备为电极片,并装配成电池,静置一夜后,进行循环特征测试与相关特性表征。制备出的电池,分别表示为 PU-PDA/SiNP,PU/SiNP,PU/SiMP 复合电极。

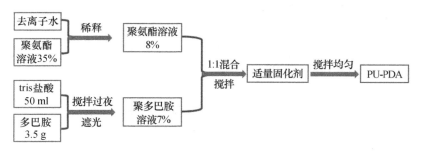

图 23　聚氨酯-聚多巴胺黏结剂制备过程图

（二）聚氨酯-聚多巴胺交联黏结剂性能表征

1. 红外结构表征

PU,PDA 与 PU-PDA 红外光谱如图 24 所示。PU 红外光谱显示在 3 340 cm^{-1} 和 1 530 cm^{-1} 出现了峰为 —NHCOO— 结构的 N—H 伸缩和弯曲振动峰,2 920 cm^{-1} 为烷基 C—H 伸缩振动峰,而且很明显可以看到没有 —NCO 的特征峰(2 270 cm^{-1}),表明体系中没有—NCO。在 1 720 cm^{-1} 的峰为 C=O 吸收峰,位于 1 040 cm^{-1} 处宽峰为 C—O—C 伸缩振动峰,很明显为原料聚醚型多元醇特征峰位。PU-PDA 样品在 2 974 cm^{-1} 处出现了烷基 C—H 的强振动吸收峰,而且在 1 620 cm^{-1} 处有明显的苯环骨架 C=C 振动峰,说明 PU-PDA 成功交联,而且在对比三种样品的峰位时很明显发现 PU-PDA 中位于 3 175 cm^{-1} 处的峰原本为 —N—H 伸缩振动峰位而发生了红移,可能是在两者复合过程中共轭程度增加造成的。

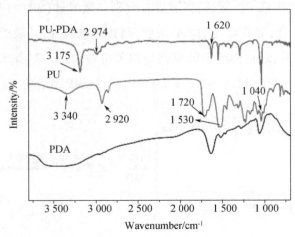

图 24　PU-PDA,PU,PDA 硅电极的 FTIR 表征图

2. 机械性能测试

利用拉力测试仪进行 180°剥离测试实验,如图 25 所示,对 PU-PDA/SiNP 复合电极机械性能进行详细探测。结果显示与 PU/SiNP 复合电极相比,PU-PDA/SiNP 复合电极具备更好的剥离性能,平均剥离力为 2. 78 N。

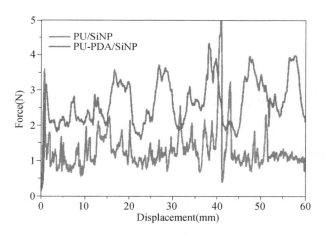

图 25　不同硅复合电极的 180°剥离测试对比图

为进一步研究 PU-PDA/SiNP 复合电极的黏结能力,将制备好的电极折叠多次并展开,实验照片如图 26 所示。在按照顺序进行 0 次、1 次、2 次、3 次的折叠与展开后,电极片仍旧较好地黏附在铜片上,没有明显的脱落,进一步显示出 PU-PDA/SiNP 良好的黏结性能。

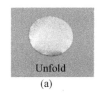

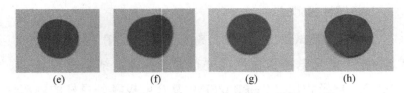

(e)　　　　　(f)　　　　　(g)　　　　　(h)

图26　PU-PDA/SiNP 复合电极

(a)到(d)为分别折叠0次、1次、2次与3次后的图片;(e)到(h)为对应的展开的图片

(三)聚氨酯-聚多巴胺交联黏结剂循环性能测试

1. 充放电循环性能测试

为详尽研究 PU-PDA/SiNP 复合电极的各项循环性能,了解 PU-PDA 黏结剂对整个硅电池性能的影响,本实验对 PU-PDA/SiNP,PU/SiNP,PU/SiMP 复合电极进行详细的电化学各项测试及分析。为确定三种黏结剂的容量与循环基础特性,在 0.01 V—1.2 V 电压区间内,0.2 C 倍率下对复合电极进行恒电流充放电各类测试,如图 27 所示。

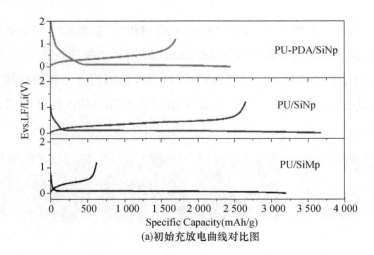

(a)初始充放电曲线对比图

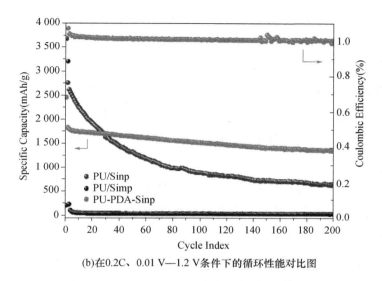

(b)在0.2C、0.01 V—1.2 V条件下的循环性能对比图

图 27 PU-PDA/SiNP,PU/SiNP,PU/SiMP 复合硅电极

图 27(a) 中的恒电流充放电曲线分别比较了 PU 与 PU-PDA 黏结剂分别与微米硅或纳米硅混合制备出的电极所获得的循环特性。使用聚氨酯黏结剂与微米硅粉混合,能获得达 3 203 mAh/g 的初始放电容量,但是明显在下一次充放电时循环容量直接掉落至 630 mAh/g,在短短一次循环中比容量直接衰减80%,可能原因为微米硅颗粒太大,聚氨酯黏结剂无法有效地固定活性微米硅颗粒,使之在循环一次后直接脱落,容量急剧衰减。本实验继续对方案进行改进,改用纳米硅与聚氨酯黏结剂混合,能获得约为 3 677 mAh/g 的更高初始比容量,容量损失明显减小,第二次循环时可逆比容量为 2 659 mAh/g,容量保留率约为72%,但是首次循环下降速率仍然明显。随后,考虑聚多巴胺的生物特性与黏附性能,本实验利用将聚氨酯与聚多巴胺交联形成的 PU-PDA 黏结剂应用于锂电池纳米硅负极中,获得 2 450 mAh/g 的初始放电比容量与第 2 次循环时

1 705 mAh/g 的可逆比容量,初始容量保留率没有明显提升。从图中可以观察到,三种复合电极的恒电流充放电曲线具备相似性,都表现出同样的趋势,在放电过程中,在 0.01—0.1 V 电压区间内存在长而平坦的放电平台,这与锂离子插入硅负极形成 Li_xSi 合金的行为相关。在充电循环过程中,在 0.25—0.65 V 的电压区间内存在长而倾斜的充电平台,主要是由 Li_xSi 相中提取锂离子的行为引起。

图 27(b)为三种不同复合电极的循环充放电曲线,分别比较了利用 PU 与纳米硅或微米硅制备出的电极和 PU-PDA 与纳米硅混合制备出的电极的循环容量衰减特性和库伦效率。PU/SiMP 复合电极衰减最为快速,在循环几次后衰减几乎至 0。PU/SiNP 复合电极虽有所好转,但是衰减趋势依旧明显,第 2 次放电循环时得到 2 755 mAh/g 左右的可逆放电比容量。并且在初始循环过程中容量下降尤其剧烈,循环 100 次后可逆比容量降至 882 mAh/g,容留保留率仅为 32%。在随后的循环中,虽然衰减趋势有所放缓,但在 200 次循环后放电可逆比容量仅为 617 mAh/g,远远不能满足商业对循环稳定性的要求。与此相对应的是,PU-PDA/SiNP 复合电极显示出非常良好的寿命特性,虽然 PU-PDA/SiNP 复合电极的初始可逆循环容量低于 PU/SiNP 复合电极,在第 2 次循环时放电可逆比容量仅为 1 827 mAh/g,但是此后电极的循环趋势非常稳定,衰减缓慢,在循环 100 次后放电可逆比容量仍有 1 518 mAh/g,容量保留率是 83%,明显高于另外两种电极。在进行 200 次循环后,可逆比容量衰减至 1 353 mAh/g,容量衰减率仅为 26%,平均每次循环的下降速率仅为 0.13%,优于 PAA-PDA-1-1 复合硅电极 0.16% 的衰减率,显示出 PU-PDA 作为黏结剂优异的循环稳定性。同时 PU-PDA/SiNP 复合电极循环时平均库伦效率稳定在 99% 左右,显示出

循环可逆稳定性。可能原因是在初期嵌锂/脱锂过程中形成了相对稳定的 SEI 膜,与 PU-PDA 优异的黏结特性协同作用,共同保持了电极的完整性,提升电极的长循环稳定性。

　　图 28 直观显示出在 0.01 V—1.2 V 电压范围内,0.2 C 倍率条件下,不同循环次数中 PU/SiNP 与 PU-PDA/SiNP 复合电极的充放电曲线。两种复合电极的曲线拥有相似特性,跟随循环反应次数的增多,PU/SiNP 与 PU-PDA/SiNP 复合电极的充电平台逐步升高,放电平台渐渐下降,展示出电极极化程度的逐步增加,表明黏结剂中提供的络合位点数逐渐减少,锂离子传输途径变得更加复杂,离子传导性能逐渐下降,导致容量逐渐下降。但是,随着循环反应次数的增加,PU-PDA/SiNP 复合电极的容量下降趋势明显放缓,第 2 至 200 次循环的充放电曲线间距明显大于 200 至 500 次循环的曲线间距,直观展示出电极越来越稳定的趋势。与之相对应的是,PU/SiNP 复合电极虽然初始容量更大,但是衰减极快,并且随着循环次数的增加,下降态势仍旧巨大,10 次循环内曲线间距十分明显,并且在 100 次循环后可逆比容量只剩不到 50%,500 次循环后比容量几近衰减至 0。这两种电极的对比十分直观地显示出 PDA 的引入能够对整个电极循环特性进行性能改性,提升电极的循环稳定性。这种改性的原因可能是因为原始的 PU 黏结剂能够与活性材料紧密连接,达到均匀涂布的效果,但是线性黏结剂容易造成硅颗粒的脱落。PDA 组分的加入,能与 PU 组分交联形成交联黏结剂,形成三维立体黏结结构,将硅颗粒紧紧固定在整个电极体系中,保证整个电极各组分间的完整性,在后面的长循环过程中保证电极的完整,减少脱落,从而提高电池的循环寿命。

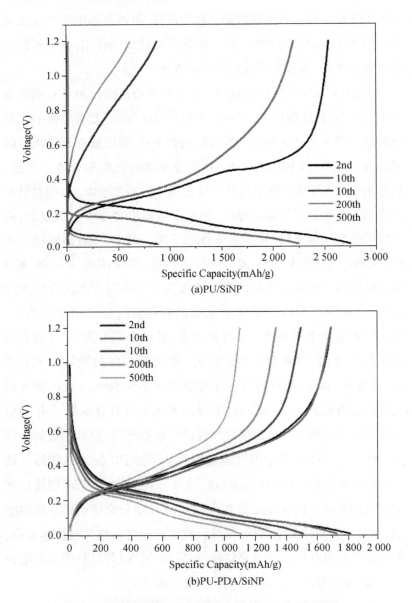

(a)PU/SiNP

(b)PU-PDA/SiNP

图 28　不同循环次数下的充放电循环曲线的对比图

2. 多倍率循环与稳定性测试

进行基础充放电循环性能测试后可见,PU–PDA 黏结剂显示出相当优异的性能。为进一步探寻 PU–PDA/SiNP 复合电极在长循环与倍率条件下的性能特性,本实验继续在蓝电测试仪上进行恒电流充放电相关测试,如图 29 所示。

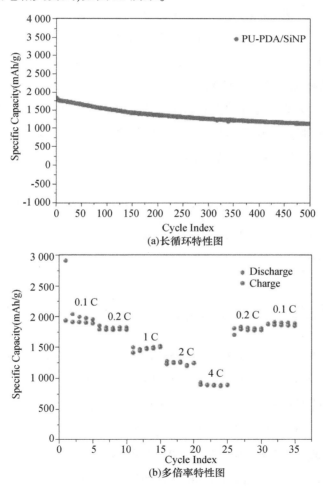

(a)长循环特性图

(b)多倍率特性图

图 29　PU–PDA/SiNP 复合电极

图 29(a)为 PU-PDA/SiNP 复合电极循环 500 次的长循环充放电曲线,从图中可以看出,PU-PDA/SiNP 复合电极整体衰减态势非常迟缓。随着充放电次数增加,电池下降态势更加放缓,在 500 次循环反应后可逆放电比容量仍旧保持在 1 114 mAh/g,容量保持率仍达 61%,在第 200 至 500 次循环范围内,平均每次循环的衰减比例只有 0.04%,显示出 PU-PDA 交联黏结剂优异的黏结性能与稳定性能。与 PAA-PDA-1-1 复合电极相比,PU-PDA/SiNP 复合电极循环稳定性有明显提升,如表 6 所示,循环 500 次后稳定性提高 5%。这种优异的电池性能主要是因为 PU 与 PDA 的交联行为,一方面使黏结剂中含有的大量官能团与活性材料硅颗粒表面间的羟基间形成强烈的相互作用,另一方面,交联形成的三维结构进一步有效防止活性材料的脱落,保持电极完整性,提升稳定性能。

表 6 PU-PDA/SiNP 和 PAA-PDA-1-1 复合硅电极的循环稳定性比较

容量保留率	PU-PDA/SiNP 复合电极	PAA-PDA-1-1 复合电极
循环 100 次	83%	77.7%
循环 200 次	74%	68%
循环 500 次	761%	56%

图 29(b)显示出 PU-PDA/SiNP 复合电极的倍率性能,分别在 0.1 C、0.2 C、1 C、2 C、4 C 的倍率速率下进行容量特性的测试。随着倍率的不断提高,PU-PDA 电极的比容量逐渐下降,在 2 C 倍率下实现 1 251 mAh/g 的可逆比容量。并且,在 4 C 高倍率下实施充放电测试后,在恢复至 0.2 C 与 0.1 C 的倍率时,电极比容量基本恢复至初始状态,表现出高的可逆循环特性,为 PU-PDA/SiNP 复合电极在商业上的复杂应用提供可能性。

图 30(a)为 PU-PDA/SiNP 复合电极在大倍率 1C 条件下的循环曲线,200 次循环后可逆比容量为 1 488 mAh/g,容量保留率是 71%,显示出较为稳定的循环特性。随后在 1C 大倍率、恒定容量 1 000 mAh/g 的恒容充放电测试中,如图 30(b)所示,400 次循环中无衰减,进一步证明其循环的优异性。

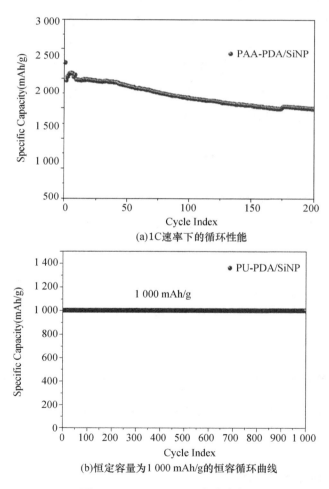

(a)1C速率下的循环性能

(b)恒定容量为1 000 mAh/g的恒容循环曲线

图 30　PU-PDA/SiNP 复合电极

3. 高负载循环测试

对 PU-PDA/SiNP 复合电极在高负载情况下（总负载量约为 1.47 mg）进行循环性能测试, 0.2C 倍率下容量与库伦效率曲线如图 31 所示。可以看出高负载下 PU-PDA/SiNP 复合电极显示出更高的初始容量, 首次循环比容量达 3 225 mAh/g, 随后可逆比容量降至 2 690 mAh/g, 库伦效率基本稳定, 显示出高负载下电极优异的比容量特性。但是, 循环过程中衰退速率相比低负载时有所提高, 可逆比容量在 100 次循环后降至 1 872 mAh/g, 容量衰退率为 30%。可能原因为黏结剂形成的三维结构无法同时容纳众多硅颗粒的同时膨胀, 导致充放电循环时硅颗粒脱落明显, 容量减少相对迅速。

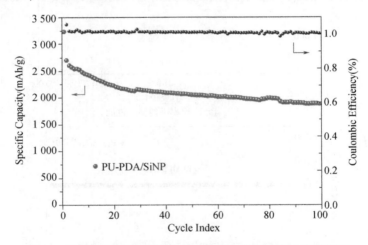

图 31　PU-PDA/SiNP 高负载复合电极的循环性能与库伦效率

（四）聚氨酯-聚多巴胺交联黏结剂电化学特性表征与分析

1. 循环伏安测试

为进一步探寻电极循环与衰减的内部机理, 本实验继续对 PU-

PDA/SiNP 复合电极的各项电化学特性进行表征,以研究 PU-PDA 黏结剂的电化学性能。图 32 为 PU-PDA/SiNP 复合电极进行前 2 次循环扫描的 CV 曲线图,实验电位范围在 0.01 V～1.2 V,扫描速率在 0.1 mV/s。由图可见,在第 1 次正极扫描中仅在 0 V 左右存在一个还原峰,因为此时只存在结晶硅,并随着扫描的进行锂离子逐渐插入,结晶硅逐渐转变为非晶态硅,生成锂硅合金相。第 1 次负极扫描中存在两个氧化峰,峰位分别在 0.33 V 和 0.51 V 附近,对应着充电过程中 Li_xSi 相的去锂化过程。第 2 次扫描与第 1 次扫描有着相似的 CV 曲线,显示出 PU-PDA/SiNP 复合电极充放电的可逆性。同时,在第 2 次扫描中氧化峰强度增大,这是因为在重复的锂化/去锂化过程中,少量剩余的结晶硅逐渐转换为非晶态硅,增加峰强。第 2 次扫描时,在 0.19 V 处新增加一个还原峰,可能是由于物质由晶态向非晶态的跃迁造成。

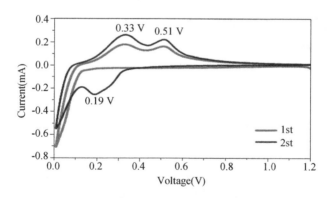

图 32　PU-PDA/SiNP 复合电极的循环伏安测试表征

2. 电化学交流阻抗测试与分析

由高频区域两个半圆、中频区域一个半圆和低频区域的斜线组成。高频区域两个半圆主要是由 SEI 膜的形成以及集电器和导电添加剂/黏合剂系统间相间电子接触的电阻构成,而中频区域半圆是由电解质和活性材料界面处的电荷转移反应引起的阻抗形成,低频区域倾斜线对应于电极中的锂离子相关扩散行为。随着循环次数的增加,奈奎斯特曲线的半圆逐渐减小,证明在不断的锂化/去锂化过程中形成稳定致密的 SEI 膜,增强电极以及各界面间的电导性,显著减小阻抗。

图 33 为 PU–PDA/SiNP 复合电极在不同循环次数下的奈奎斯特图。在不同的循环次数下,尼奎斯特曲线具备相同的特征,在此基础上,做出奈奎斯特圆的等效电路,如图 34(a)所示。该等效电路由一个电解质电阻 R_{EL},三个恒定相位元件(CPE),三个并联电阻,SEI 薄膜电阻 R_{SEI}(第一个高频半圆)、相间电子接触电阻 R_{INT}(第二个高频半圆)和电荷转移电阻 R_{CT}(中频半圆)以及一个 Warburg 扩散元件 W 组成。拟合图像显示在图 33 中,可以明显看出,该等效电路拟合出的阻抗数据与实际的阻抗数据较匹配,证明该等效电路的可靠性。

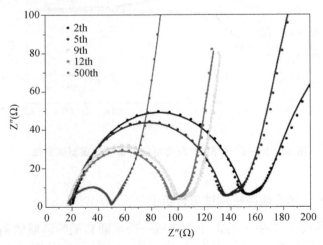

图 33　PU–PDA/SiNP 复合电极在不同循环次数下的奈奎斯特圆

　　通过拟合出的阻抗数据,可以获得在不同循环次数的充放电循环下,PU-PDA/SiNP 复合电极各电阻的具体拟合数值,如图 34(b)所示。从图中可以看出,在不断的循环过程中,电解质电阻 R_{EL} 基本一致,都在 20 Ω 左右,显示出整个 PU-PDA/SiNP 复合电极电解质的稳定性。SEI 薄膜电阻 R_{SEI} 呈现一个先增长后减小的趋势,这可能是因为初期 SEI 膜并不稳定,在不断的充放电过程中进行不均匀生长,增加电阻值,但是在到达平衡态后 SEI 膜趋向稳定,电阻逐渐减小。同时,相间电子接触电阻 R_{INT} 与电荷转移电阻 R_{CT} 不断减小,显示出电极各接触面稳定性逐渐增加,电荷传输性能更加优异。第 500 次循环后四类电阻阻值都有明显的降低,显示出 PU-PDA/SiNP 复合电极在长循环后电极内部各组分稳定,性能表现优异,与容量循环曲线的长循环稳定性有很好的匹配性。

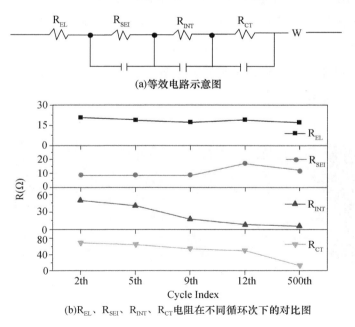

(a)等效电路示意图

(b)R_{EL}、R_{SEI}、R_{INT}、R_{CT} 电阻在不同循环次下的对比图

图 34　PU-PDA/SiNP 复合电极

（五）聚氨酯–聚多巴胺交联黏结剂机械性能与形貌分析

1. 形貌结构分析

为探究 PU/SiMP、PU/SiNP、PU–PDA/SiNP 复合电极的微观结构特征,本实验进行 SEM 测试,循环前与循环 500 次后复合电极的 SEM 图如图 35、36 所示。图 35(a)与 35(b)显示循环前 PU/SiMP 电极微米硅颗粒较大,无法完整被黏结剂包覆,因此在充放电测试中容量衰减极快。PU/SiNP 与 PU–PDA/SiNP 复合电极在循环前都具备比较均匀的结构,硅颗粒比较均匀分散地在整个电极系统中。但是循环 500 次后 PU/SiNP 复合电极表面极其不均匀,裂缝较多,显示出在循环过程中因为体积不断地收缩与膨胀,使电极界面处不断持续生长 SEI 膜,破坏整个黏结剂系统,使电池循环性能下降严重。比较而言,循环 500 次的 PU–PDA/SiNP 复合电极表面能形成更加稳定的 SEI 膜,硅颗粒脱落较少,保持整个电极完整性,提升电极循环稳定性。

(a)PU复合电极

(b)SiMP复合电极

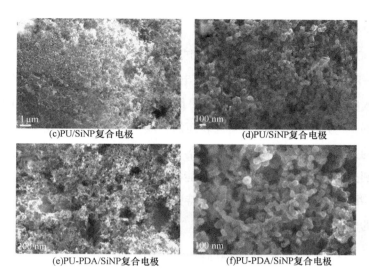

(c)PU/SiNP复合电极　　　　　　　(d)PU/SiNP复合电极

(e)PU-PDA/SiNP复合电极　　　　　(f)PU-PDA/SiNP复合电极

图35　PU/SiMP、PU/SiNP 与 PU-PDA/SiNP 复合电极循环前

不同放大倍数的 SEM 图

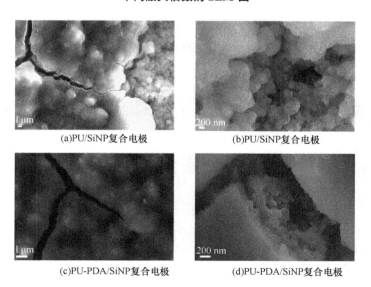

(a)PU/SiNP复合电极　　　　　　　(b)PU/SiNP复合电极

(c)PU-PDA/SiNP复合电极　　　　　(d)PU-PDA/SiNP复合电极

图36　PU/SiNP 与 PU-PDA/SiNP 复合电极循环 500 次后

不同放大倍数的 SEM 图

2. 机理分析

对循环性能测试、电化学测试、形貌表征等结果进行分析后，PU-PDA 黏结剂制备出的复合硅电极显示出优异的循环稳定性，其充放电过程原理如图 37 所示。可能原因是 PU-PDA 交联形成的黏结剂，一方面可以通过黏结剂表面的各项基团与硅颗粒表面形成强烈的共价连接，减少硅颗粒的脱落与粉碎。另一方面，PU-PDA 黏结剂交联形成的三维立体结构，能容忍硅负极大于 300% 的体积变化，并使硅颗粒持续地与电极保持紧密连接，减少脱落，保持整个电极的电联性，维持电极的稳定性。

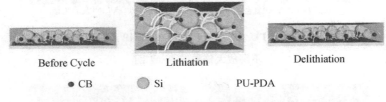

图 37　PU-PDA/SiNP 复合电极充放电过程原理概念图

第二节　黏结剂在实际电池体系中的应用效果

一、黏结剂对电池结构稳定性的影响

（一）黏结剂的作用机制

1. 黏结剂的黏附性

黏结剂的黏附性是其在电池中发挥作用的基础。优良的黏附性能够确保黏结剂与电极材料之间形成紧密的结合，从而提高电极结构的稳定性。在电池充放电过程中，电极材料会经历体积的膨胀和收缩,如果黏结剂的黏附性不足,就可能导致电极材料从集流体上脱落或产生裂纹,进而影响电池的性能。因此,黏结剂的黏附性对于维持电极的完整性至关重要。为了获得良好的黏附性,黏结剂需要具备与电极材料相容的化学结构,能够形成强大的分子间作用力。同时,黏结剂的黏度也是影响其黏附性的重要因素,适宜的黏度可以确保黏结剂在电极材料表面形成良好的润湿,进而增强黏附效果。

2. 黏结剂的弹性与耐久性

黏结剂的弹性和耐久性对于维持电池结构的稳定性同样重要。弹性是指黏结剂在受到外力作用后能够恢复原状的能力。如果黏结剂缺乏足够的弹性,就无法有效地缓冲这种体积变化带来的应力,可能导致电极结构破坏。因此,黏结剂需要具备良好的弹性以适应电极材料的体积变化。耐久性则是指黏结剂在长期使用过程中保持其性能的能力。电池在长期使用过程中,黏结剂可能会受到化学腐蚀、温度变化等多种因素的影响,导致其性能下降。为了确保电池的长期稳定运行,黏结剂需要具备优异的耐久性。这要求黏结剂不仅要能够抵抗化学腐蚀,还要能够在温度变化时保持稳定的性能。

(二)不同黏结剂对电池结构的影响

1. 传统黏结剂与新型黏结剂的比较

传统黏结剂,如聚偏氟乙烯(PVDF),在过去被广泛用于电池制造中。它们具有良好的化学稳定性和黏附性,能够满足基本的电池结构需求。然而,随着电池技术的发展和对性能要求的提升,传统黏结剂的局限性逐渐显现。例如,PVDF在高温下可能失去黏附力,且其离子传导性能有限。相比之下,新型黏结剂,如PAA/SBR

复合黏结剂,展现出更优越的性能。这类黏结剂通常具有更强的黏附力和弹性,能够更好地适应电极材料在充放电过程中的体积变化。此外,新型黏结剂往往具有更好的离子传导性能,有助于提高电池的充放电效率。这些优势使得新型黏结剂在高性能电池制造中越来越受到青睐。

2. 黏结剂选择的标准与考量

在选择黏结剂时,需要考虑多个因素以确保电池结构的稳定性和性能。首先,黏附力是关键指标之一。黏结剂必须能够牢固地黏附在电极材料上,以防止活性物质在充放电过程中脱落。因此,需要评估不同黏结剂对电极材料的黏附强度和耐久性。其次,弹性也是重要的考量因素。由于电极材料在充放电过程中会发生体积变化,黏结剂需要具备一定的弹性来适应这种变化,并保持电极结构的完整性。因此,需要选择具有适当弹性的黏结剂。此外,还需要考虑黏结剂的化学稳定性和离子传导性能。黏结剂应能够在电池工作环境中保持稳定,并具备良好的离子传导性能,以提高电池的充放电效率。最后,成本也是选择黏结剂时需要考虑的因素之一。不同黏结剂的价格差异可能较大,因此需要在性能和成本之间找到平衡点。

(三)黏结剂对电池安全性的影响

1. 防止电池内部短路的作用

黏结剂在防止电池内部短路方面发挥着关键作用。在电池内部,正负极材料之间的隔离至关重要,因为任何直接的接触都可能导致短路,进而引发安全问题。黏结剂通过其强大的黏附力,确保电极材料的稳定性和均匀分布,防止了活性物质因移动或脱落而造成的正负极直接接触。此外,黏结剂还有助于固定隔膜,确保其位置稳定,不会因为电池工作过程中的振动或冲击而移位。这样,黏结剂就有效地在物理层面上阻止了电池内部短路的发生,提升了电池的安全性。

2. 提高电池热稳定性的贡献

黏结剂在提高电池热稳定性方面起着重要作用。电池在工作过程中会产生热量,特别是在高负荷或快充放电时,热量的积累可能导致电池热失控,进而引发安全问题。优质的黏结剂能够耐受高温,保持稳定的黏附力和化学性质,从而确保电池在高温环境下的稳定性和安全性。一些先进的黏结剂还具有热阻性能,能够有效地阻止热量在电池内部的快速传播,为电池的热管理系统提供额外的缓冲时间,即使电池在极端条件下工作,黏结剂也能通过其热稳定性贡献于防止热失控的发生,保护电池和使用者的安全。

二、黏结剂与电池循环寿命的关系

(一)黏结剂性质对循环寿命的影响

1. 黏结剂的稳定性

黏结剂的稳定性是确保电池循环寿命的关键因素之一。在电池的充放电过程中,电极材料会经历体积的反复膨胀和收缩,这对黏结剂的稳定性提出了很高的要求。一个稳定的黏结剂能够在这种体积变化中保持原有的结构和性质不变,确保电极材料不会因黏结剂的失效而脱落或结构被破坏。具体来说,黏结剂的稳定性体现在其能够抵抗化学腐蚀、高温环境和机械应力的影响。在电池的长期运行过程中,不稳定的黏结剂可能会因为这些因素的影响而逐渐失效,导致电极材料的脱落,进而影响电池的循环寿命。而稳定的黏结剂则能够长期保持其黏结效果,确保电极的完整性和电池的长期稳定运行。此外,黏结剂的稳定性还与电池的容量保持率密切相关。一个稳定的黏结剂能够减少电极材料在充放电过程中的损失,从而确保电池在长期使用过程中能够保持较高的容量。

2. 黏结剂的黏结力

黏结剂的黏结力是决定电极材料附着力的关键因素。一个具有强大黏结力的黏结剂能够确保电极材料紧密地附着在集流体上,减少在充放电过程中的材料损失,从而提高电池的循环次数。具体来说,黏结力强的黏结剂能够有效地抵抗电极材料在充放电过程中的体积变化,防止其脱落或移位。在电池的长期运行过程中,电极材料可能会因为黏结力不足而逐渐脱落,导致电池的容量下降和循环寿命缩短。而强大的黏结力则能够长期保持电极材料的稳定性,确保电池能够经受住长期的充放电循环。此外,黏结剂的黏结力还与电池的安全性密切相关。一个黏结力不足的黏结剂可能会导致电极材料在充放电过程中脱落,进而引发电池内部短路等安全问题。而强大的黏结力则能够确保电极材料的稳定附着,降低安全风险。

(二)黏结剂类型与电池循环寿命

1. 传统黏结剂的循环寿命

传统的黏结剂,如聚偏氟乙烯(PVDF),长期以来在电池制造中占据了重要地位。PVDF以其良好的化学稳定性和耐腐蚀性而闻名,这使得它在多种电池环境中都能保持稳定的性能。然而,尽管PVDF具有这些优点,但在长期的充放电过程中,它也可能面临挑战。特别是在电池充放电时,电极材料会经历显著的体积变化。这种反复的膨胀和收缩会对黏结剂造成持续的应力,可能导致黏结力的逐渐下降。随着时间的推移,PVDF可能无法再有效地固定电极材料,导致电极材料的脱落或结构的破坏,进而影响电池的循环寿命。此外,PVDF在某些极端条件下,如高温或低温环境,其性能也可能发生变化,进一步影响其黏结效果。因此,虽然PVDF作为一种传统黏结剂在许多方面表现出色,但在追求更长电池循环寿命的目标下,它可能不是最佳的选择。

2. 新型黏结剂与循环寿命

近年来,新型黏结剂,如水性黏结剂和复合黏结剂,因其卓越的性能而备受关注。这些新型黏结剂通常具有更好的弹性和耐久性,这使得它们能够更有效地适应电极在充放电过程中的体积变化。具体来说,水性黏结剂通常使用环保、易处理的水性体系,不仅降低了生产过程中的环境污染,还因其良好的弹性和黏结力而提高了电池的循环寿命。复合黏结剂则是通过结合多种材料的优点来增强黏结剂的性能,这些复合黏结剂可能包含弹性体、增塑剂或其他添加剂,以提高黏结剂的柔韧性、耐久性和黏结力。通过使用这些新型黏结剂,电池制造商能够生产出具有更长循环寿命的电池。这些黏结剂能够更好地保持电极结构的完整性,减少电极材料的脱落和结构的破坏,从而提高电池的可靠性和耐久性。

(三)黏结剂用量与电池循环寿命

1. 黏结剂用量的优化

黏结剂用量的精确控制对于确保电池循环寿命至关重要。适量的黏结剂能够提供足够的黏结力,将电极材料紧密地结合在一起,防止其在充放电过程中脱落或移位。若黏结剂用量过少,电极材料之间的结合力将不足以抵抗充放电过程中的机械应力,导致电极材料脱落,进而缩短电池的循环寿命。然而,黏结剂用量过多也并非好事。过多的黏结剂会占据电极材料之间的空隙,增加电池的内阻,降低电池的导电性能。这不仅会影响电池的充放电效率,还会在充放电过程中产生额外的热量,对电池的安全性构成威胁。此外,过多的黏结剂还可能阻碍锂离子在电极材料中的扩散,进一步降低电池的循环性能。

2. 黏结剂用量与电极结构

黏结剂的用量不仅影响电极材料的黏结强度,还与电极结构的稳定性密切相关。合理的黏结剂用量能够确保电极材料形成均匀、致密的结构,提高电极的导电性和锂离子扩散效率。这种稳定的电极结构在充放电过程中能够有效减少活性物质的损失,从而延长电池的循环寿命。具体来说,当黏结剂用量适当时,电极材料能够紧密地结合在一起,形成稳定的网络结构。这种结构不仅能够提供良好的导电通路,还有利于锂离子在电极材料中的快速扩散。在充放电过程中,稳定的电极结构能够抵抗体积变化带来的应力,防止电极材料的脱落和结构的破坏。反之,如果黏结剂用量不足或过量,都可能导致电极结构的稳定性下降。用量不足时,电极材料之间的结合力减弱,容易发生脱落;用量过量时,黏结剂可能占据过多的空间,阻碍锂离子的扩散,降低电极的导电性。

三、黏结剂对电池内阻的影响

(一)黏结剂性质与电池内阻

1. 黏结剂的导电性

黏结剂的导电性在电池性能中起着至关重要的作用。一个导电性良好的黏结剂能够有效地促进电子在电极材料之间的传递,从而降低电池的内阻。当黏结剂导电性好时,电子可以更容易地从一个电极材料传递到另一个,减少在传递过程中的能量损失,进而提高电池的充放电效率。这也意味着电池在工作时能够更快地响应电流需求,提供更为稳定的电力输出。相反,如果黏结剂的导电性差,电子在传递过程中会遇到更大的阻力,这不仅会增加电池的内阻,降低电池的工作效率,还可能导致电池在工作过程中发热,甚至引发安全问题。

2. 黏结剂的用量

黏结剂的用量对电池内阻有着显著的影响。适量的黏结剂能够确保电极材料的紧密结合,维持电极结构的稳定性,同时不会给电池增加过多的内阻。这是因为黏结剂本身通常不具备良好的导电性,所以过多的黏结剂会在电极材料中形成厚厚的阻隔层,阻碍电子的顺畅传输,从而导致电池内阻的增加。因此,在电极制备过程中,精确控制黏结剂的用量至关重要。通过优化黏结剂的添加量,可以在保证电极结构稳定性的同时,最大限度地减少黏结剂对电子传输的阻碍,从而降低电池的内阻。为了实现这一目标,电池制造商通常会进行严格的实验和测试,以确定最佳的黏结剂用量,确保电池在高性能和长寿命之间达到最佳的平衡。这种精细的工艺控制是现代高性能电池制造中不可或缺的一环。

(二) 不同黏结剂对电池内阻的影响

1. 传统黏结剂(如 PVDF)的影响

传统黏结剂聚偏氟乙烯(PVDF)因其卓越的稳定性和强大的黏结能力,在电池制造领域长期占据一席之地。这种材料在电极的制造过程中起着至关重要的作用,能够有效地将电极材料牢固地黏结在一起,确保电池结构的稳定性和耐久性。然而,PVDF虽然在稳定性和黏结性上表现突出,但在导电性方面却存在明显短板。当PVDF作为电极材料之间的黏结剂时,其导电性不足的问题就显得尤为突出。由于它的导电性能相对较弱,电子在通过黏结剂层时可能会遇到较大的阻力,这就像是电子流动的"瓶颈",使得电子不能顺畅地从一个电极材料传递到另一个。这种情况在电池工作时会导致内阻的增加,意味着电池在充放电过程中会消耗更多的能量来克服这种内阻。内阻的增大不仅会降低电池的充放电效率,还会使得电池在工作时产生更多的热量,这可能对电池的性能和使用寿命产生负面影响。

2. 新型黏结剂的影响

相比于传统的黏结剂,近年来研发的新型黏结剂确实带来了革命性的改进。这些黏结剂不仅在导电性上有了质的飞跃,还在柔韧性方面展现出了显著的优势。通过巧妙地融入导电填料,如碳纳米管、石墨烯等尖端纳米材料,新型黏结剂的导电性能得到了极大的增强。这些导电填料在黏结剂中形成了高效的导电网络,大大促进了电子在电极材料间的流畅传输。除了利用导电填料,一些新型黏结剂还采用了特殊的导电结构设计,这也是提高其导电性的另一大策略。这种设计使得黏结剂本身就能作为电子传输的通道,从而进一步提升了电子在电极材料间的传输效率。由于这些黏结剂的出色导电性,电池的内阻得到了有效降低,进而提高了电池的充放电性能,使得电池能够在更短的时间内完成充放电,且能量损失更小。另外,新型黏结剂的柔韧性也是其一大亮点。传统的黏结剂往往较为刚硬,难以适应电极材料在充放电过程中的体积变化。而新型黏结剂则能更好地适应这种变化,从而有效地维持了电极结构的稳定性。这不仅延长了电池的使用寿命，还使得电池在各种环境下都能保持优异的性能。

（三）黏结剂使用注意事项与内阻优化

1. 黏结剂的选择

在选择黏结剂这一关键材料时，电池制造商必须进行全面而细致的考量，因为黏结剂的性能将直接影响到电池的整体表现。黏结剂的导电性、稳定性、黏结力以及成本等多个维度，都是需要被深入分析和权衡的因素。黏结剂的导电性对于电池性能至关重要，具有高导电性的黏结剂可以确保电子在电极材料之间快速且有效地传递，从而降低电池的内阻，提升其充放电效率。这意味着，在同样的条件下，使用导电性优良的黏结剂的电池，能够比使用传统黏结剂的电池释放出更多的能量，且在充放电过程中能量损失更小。稳定性也是评价黏结剂优劣的重要指标，电池在工作过程中会产生热量和可能的体积变化，这就要求黏结剂必须能够在各种环境下保持其性能的稳定，以确保电极材料的紧密连接不被破坏。黏结力的大小直接关系到电极材料能否牢固地黏结在一起。一个具有强黏结力的黏结剂，能够有效防止电极材料在充放电过程中发生脱落或开裂，从而保障电池的长期稳定运行。除了性能考量外，成本也是一个非常关键的因素，特别是在大规模工业化生产中，黏结剂的成本会直接影响到最终产品的价格和市场竞争力。因此，在选择黏结剂时，制造商必须在性能与成本之间找到一个最佳的平衡点，以实现产品的高性能和经济效益的双重目标。

2. 黏结剂用量的控制

为了优化电池的内阻，精确控制黏结剂的用量显得尤为重要。

黏结剂在电池中起着至关重要的作用,但用量却需要精准把控。过多的黏结剂会阻碍电子和离子的传输路径,增加电池的内阻,从而影响电池的充放电效率。这就像是在电极材料之间加入了一层额外的"阻隔层",使得电子和离子在通过时遇到更多的阻碍,导致能量传输不畅,电池性能下降。相反,如果黏结剂用量过少,虽然可能会降低电池的内阻,但同时也可能带来其他问题。过少的黏结剂可能无法将电极材料牢固地黏结在一起,导致电极材料容易脱落或结构不稳定,这会严重影响电池的耐久性和可靠性,甚至可能导致电池短路或失效。因此,找到黏结剂的最佳用量是至关重要的。通过实验和模拟等方法,可以更精确地确定在何种用量下,黏结剂既能保持电极结构的稳定性,又能实现较低的电池内阻。这些方法包括对黏结剂用量的逐步调整、电极材料的性能测试以及电池的充放电测试等。通过这些实验和模拟,可以获得黏结剂用量与电池性能之间的定量关系,从而提供科学的依据,找到最佳的黏结剂用量。

3. 电极制备工艺的优化

优化电极制备工艺在降低电池内阻方面扮演着举足轻重的角色。随着科技的不断发展,更先进的涂布技术应运而生,这些技术能够确保电极材料以更加均匀、紧密的方式涂布在集流体之上。这种均匀的涂布不仅提升了电极的美观性,更重要的是,它减少了电子在传递过程中可能遇到的阻碍,使得电子能够更为顺畅地在电极材料中流动。同时,干燥工艺的改进也不容忽视。传统的干燥方法可能会导致电极中残留过多的水分和溶剂,这些残留物会阻碍电子的流动,增加电池的内阻。而现代化的干燥技术则能有效地去除这些不必要的残留物,使得电极材料更加纯净,从而提高其导电性能。除此之外,压实工艺的优化也是关键一环。适当的压实不仅可以提高电极的密度,使其结构更加紧凑,还能进一步增强电极的导电性。

通过精确控制压实的力度和时间,可以确保电极在保持足够机械强度的同时,也具备优异的导电性能。

四、黏结剂的离子传导性能及其对电池性能的影响

(一)黏结剂的离子传导性能

1. 离子传导性的重要性

黏结剂的离子传导性能在锂离子电池中占据着举足轻重的地位,这是因为锂离子电池的工作原理依赖于锂离子在正极和负极之间的快速移动。而黏结剂作为电极材料的关键组成部分,其离子传导性能的好坏直接关系到锂离子在电极材料间的传输效率。当黏结剂具有良好的离子传导性时,它能够为锂离子提供一个畅通的传输通道。这意味着锂离子可以更加迅速和有效地从正极移动到负极,或从负极返回到正极,从而完成充放电过程。这种高效的离子传输不仅加快了电池的充放电速度,还提高了电池的能量转换效率。此外,良好的离子传导性能还有助于减少锂离子在传输过程中的损失。在锂离子电池中,如果黏结剂的离子传导性差,锂离子可能会在传输过程中被阻碍或偏离正确的传输路径,导致能量损失和电池性能下降。而高性能的黏结剂则能有效避免这种情况,确保锂离子能够沿着最优路径快速、准确地传输。

2. 影响离子传导性的因素

黏结剂的化学结构、分子量、交联密度及其与电解液的相容性,都是影响离子传导性的关键因素。化学结构决定了黏结剂的基本性质和功能,某些特定的化学结构可能更有利于离子的传导。分子量也是一个重要的影响因素,一般来说,分子量适中的黏结剂可以

提供更好的离子传导性,因为它们能够在电极材料间形成适宜的网状结构,便于离子的传输。交联密度对离子传导性的影响尤为显著。交联密度低的黏结剂,其分子链间的空隙较大,这些空隙为离子的移动提供了更多的通道,从而有利于离子的快速传导。相反,交联密度高的黏结剂,其紧密的结构可能会阻碍离子的顺畅移动,降低离子传导性。此外,黏结剂与电解液的相容性也不容忽视。良好的相容性意味着黏结剂能够更好地与电解液融合,形成一个连续、稳定的离子传导网络。这种相容性不仅影响离子的传输效率,还关系到电池的安全性和稳定性。

(二)黏结剂离子传导性对电池性能的影响

1. 对电池容量的影响

黏结剂的离子传导性在锂离子电池中是一个至关重要的参数,它直接影响到电池的容量表现。电池的容量,简单来说,就是电池能够存储和放出的电量,这是衡量电池性能的重要指标之一。当黏结剂的离子传导性较差时,锂离子在电极材料间的传输会受到明显的限制。锂离子是电池充放电过程中的主要载流子,它们的顺畅传输是电池正常工作的基础。然而,黏结剂如果阻碍了锂离子的自由移动,就会导致锂离子不能有效地从正极传输到负极,或从负极传输回正极。这种传输受限的情况会导致部分电极活性物质无法充分利用。在锂离子电池中,电极活性物质是存储和放出锂离子的关键,如果它们不能充分参与充放电反应,电池的容量自然会受到影响。换句话说,黏结剂的离子传导性差意味着电池无法释放出它理论上应该能够存储和供应的全部电量。

2. 对电池充放电速率的影响

黏结剂的离子传导性能对锂离子电池的充放电速率有着显著

的影响。具有良好离子传导性的黏结剂,能够极大地促进锂离子在电极材料间的迁移速率,这对于提升电池的充放电速率至关重要。在锂离子电池的工作过程中,锂离子需要在正极和负极之间快速迁移。黏结剂作为电极的关键组成部分,在这里扮演着至关重要的角色。当黏结剂具备出色的离子传导性时,它为锂离子的迁移提供了一个高效、畅通的通道,锂离子可以更加迅速地从正极传输到负极,在放电过程中为外部电路提供电流,或者在充电过程中从负极返回到正极。因此,具有良好离子传导性的黏结剂能够显著提高电池的充放电速率,使电池能够在更短的时间内完成充放电过程。这在许多高功率需求的应用中尤为重要,如电动汽车的快速充电、移动设备的迅速充电等。通过使用具有优异离子传导性能的黏结剂,可以确保电池在短时间内释放出大量的能量或迅速储存电能,从而满足现代电子设备对高效能源存储和供应的需求。

第五章　黏结剂在硅基负极
材料中的失效分析

第一节　黏结剂失效对硅基负极材料
性能的影响

一、电化学性能下降

（一）降低充放电效率

1.活性物质脱落

活性物质脱落是黏结剂失效后硅基负极材料面临的一个严重问题。当黏结剂无法有效地发挥其黏结作用时,硅基负极材料中的活性物质就容易从电极上脱落。这种脱落不仅减少了电极的有效反应面积,还严重影响了电池的充放电效率。具体来说,活性物质的脱落意味着参与电化学反应的物质减少,从而导致电极的反应活性降低。在充电和放电过程中,锂离子需要在正负极之间迁移,而活性物质的减少会限制这一过程的进行,使得电池难以达到其理论上的充放电效率。此外,活性物质脱落还可能引发一系列连锁反应。脱落的活性物质可能在电池内部形成杂质,这些杂质可能阻碍锂离子的正常迁移,进一步影响电池性能。同时,脱落也可能导致电极表面的结构发生变化,使得电子在电极表面的传输变得困难,增加了电池的内阻。

2. 电子传输受阻

电子传输受阻是黏结剂失效后影响硅基负极材料电化学性能的另一个重要方面。在锂离子电池中，电子在电极材料间的顺畅传输是高效充放电的关键。然而，当黏结剂失效时，它无法再有效地维持电极结构的稳定性，这可能导致电极内部的导电网络受到破坏。一旦导电网络受损，电子在电极材料间的传输就会受到阻碍，这种阻碍不仅会降低电子的迁移速率，还会增加电子在传输过程中的能量损失。因此，当黏结剂失效导致电子传输受阻时，电池的充放电效率就会显著降低。此外，电子传输受阻还可能引发其他问题。例如，它可能导致电池内部温度升高，进而加速电池老化，缩短电池寿命。同时，受阻的电子传输也可能导致电池内阻增加，进一步降低电池性能。

（二）能量密度减少

1. 材料结构破坏

材料结构破坏是黏结剂失效对硅基负极材料产生的深远影响之一。在锂离子电池中，硅基负极材料因其高理论容量而受到广泛关注，然而，其结构的稳定性对于保持这一优势至关重要。当黏结剂失效时，原本由黏结剂提供的结构支撑和稳定性将不复存在，这可能导致硅基材料的结构发生破坏。结构的破坏表现在硅基材料的粉化或开裂上。由于硅在充放电过程中会发生巨大的体积变化，黏结剂的作用就在于缓冲这些变化，维持材料结构的完整性。一旦黏结剂失效，硅材料在体积变化时无法得到足够的支撑，就容易出现粉化或开裂，进而影响材料的整体结构。这种结构破坏会直接影响硅基负极材料储存锂离子的能力。结构完整的硅基材料能够更有效地嵌入和脱出锂离子,从而保持较高的容量。然而,结构破坏后,锂离子在材料中的嵌入和脱出可能变得困难,甚至无法进行有效的电化学反应,这自然会导致电池的能量密度降低。除了直接影响能量密度外,材料结构的破坏还可能带来一系列连锁反应。例如,破坏的结构可能更容易受到电解液的侵蚀,导致材料的进一步劣化。此外,结构的破坏也可能影响电子在材料中的传输,进而影响到电池的充放电性能。

2. 活性物质利用率下降

活性物质利用率下降是黏结剂失效后带来的一个关键问题,它直接关系到锂离子电池的性能表现。在电池充放电过程中,活性物质的有效利用是确保高能量输出的关键因素。然而,当黏结剂失效时,这一问题就变得尤为突出。黏结剂在电极中起着将活性物质紧密黏结在一起的作用,确保它们在电化学反应中能够均匀、有效地参与。一旦黏结剂失效,原本被黏结剂固定的活性物质就可能变得松散,甚至从电极上脱落。这意味着部分活性物质将无法参与到电化学反应中,从而导致活性物质的利用率下降。活性物质利用率的下降会直接影响电池的能量密度。能量密度是衡量电池性能的重要指标,它反映了电池单位体积或单位质量所能存储的能量大小。除了影响能量密度外,活性物质利用率的下降还可能带来其他一系列问题。例如,未参与反应的活性物质可能在电池内部形成"死区",这些区域不仅无法为电池提供能量,还可能阻碍电子和离子的正常传输,进一步影响电池的性能。

二、容量衰减加速

(一)活性物质粉化与脱落

1. 黏结力减弱导致的粉化

黏结力减弱导致的粉化是黏结剂失效对硅基负极材料产生的重要影响之一。当黏结剂失效时,这种黏结力会显著减弱,进而引发一系列问题。首先,黏结力减弱会直接导致硅基负极材料颗粒之间的结合变得松散。由于硅基材料在充放电过程中会发生较大的体积变化,如果颗粒之间的黏结力不足,这种体积变化就很容易导致材料发生粉化。粉化后的硅基材料不仅无法有效地参与电化学反应,还会减少电极的有效反应面积,进而影响电池的容量和性能。此外,粉化还会进一步减少有效反应物质的量。当硅基材料粉化后,部分颗粒会从电极上脱落,这些脱落的颗粒无法再参与到电化学反应中,从而导致有效反应物质的量减少。这种减少会直接影响电池的容量和能量密度,使得电池的性能下降。为了避免黏结力减弱导致的粉化问题,研究者们正在不断探索新型的黏结剂和黏结技术。增强黏结剂的黏结力和稳定性,可以有效地减少硅基材料的粉化现象,提高电池的容量和循环寿命。同时,优化电极设计和制造工艺也是解决这一问题的重要途径,通过合理的电极结构和制备工艺,减少硅基材料在充放电过程中的体积变化,从而降低粉化的风险。

2. 脱落引起的容量损失

脱落引起的容量损失是黏结剂失效对硅基负极材料带来的一个严重问题。在锂离子电池中,硅基材料因其高理论容量而受到青睐,然而,这种材料的稳定性是一个挑战,尤其是在黏结剂失效的情况下。随着黏结剂的失效,原本被紧密黏结在集流体上的硅基材料开始变得松动,直至最终脱落。当这些活性物质从集流体上脱落后,它们就无法再有效地参与到电化学反应中,这意味着这部分物质对电池容量的贡献完全丧失。因此,黏结剂的失效会直接导致电池的有效容量减少。此外,脱落的硅基材料还可能引发其他问题。例如,脱落的颗粒可能在电池内部游离,造成电池内部短路的风险增加。同时,这些游离的颗粒也可能阻塞电解液通道,影响锂离子的正常迁移,进一步降低电池性能。脱落引起的容量损失不仅仅是一个渐进的过程,它可能在黏结剂失效后的短时间内迅速恶化。这是因为一旦黏结力减弱,硅基材料在充放电过程中的体积变化会加速脱落现象。因此,及时发现并解决黏结剂失效问题对于保持电池容量至关重要。

(二)电极结构破坏

1. 结构稳定性下降

结构稳定性下降是黏结剂失效后导致硅基负极材料性能下降的一个重要因素。在锂离子电池中,电极结构的稳定性对于保持电池的高性能和长寿命至关重要。然而,当黏结剂失效时,这种稳定性会受到严重破坏。黏结剂在电极中起着关键的结构支撑作用,能够将活性物质、导电剂和集流体紧密地结合在一起,形成一个稳定的三维网络结构。这种结构不仅能够提供良好的电子和离子传输通道,还能有效缓冲硅基材料在充放电过程中的体积变化,从而保持电极的完整性。然而,当黏结剂失效时,这种稳定的电极结构将被破坏。原本由黏结剂提供的结构支撑消失,导致电极内部的颗粒排列变得松散和无序。这种结构的变化会严重影响锂离子的嵌入和脱出效率。由于锂离子在电极中的迁移路径变得复杂和曲折,它们需要更长的时间和更高的能量才能嵌入或脱出,这自然会导致电池的容量衰减加速。除了影响锂离子的迁移效率外,结构稳定性下降还可能引发其他问题。例如,松散的电极结构可能更容易受到电解液的侵蚀,进一步加速电极材料的劣化。同时,结构的不稳定也可能导致电极在充放电过程中发生更严重的体积变化,从而加速电极的粉化或开裂。

2. 电流密度分布不均

电流密度分布不均是黏结剂失效导致电极结构破坏后的一个严重后果。在锂离子电池工作中,电流密度的均匀分布对于确保电池性能的稳定和延长电池寿命至关重要。然而,一旦电极结构受到破坏,这种均匀的电流分布就会受到影响。当黏结剂失效,电极的内部结构会发生变化,可能导致某些区域出现断裂、空隙或者局部的材料堆积。这些结构上的不均匀性会直接导致电流在电极表面分布不均匀。在充放电过程中,电流倾向于通过电阻较小的路径,即那些结构相对完整、材料堆积较多的区域。因此,这些区域会承受更高的电流密度,长时间的电流密度不均会导致部分电极区域过度使用,这些高电流密度的区域会更快地经历充放电循环,从而加速材料的老化和失效。这种局部的老化会进一步加剧电流分布的不均匀性,形成一个恶性循环,最终,这些过度使用的区域可能成为电池性能衰减的“短板”,限制整个电池的性能和寿命。除了加速老化,电流密度分布不均还可能引发其他的问题,如局部过热。在高电流密度的区域,由于电子的流动和能量的转换,可能会产生更多的热量。这种局部过热不仅会加速电极材料的退化,还可能对整个电池系统的安全性构成威胁。

三、内阻增加

(一)电极结构变化

结构破坏导致路径受阻是黏结剂失效后电池内阻增加的一个重要原因。在锂离子电池中,黏结剂的作用至关重要,它能够有效地将硅基负极材料的颗粒黏结在一起,维持电极结构的稳定性和完整性。然而,当黏结剂失效时,这种稳定性将被打破,导致电极结构遭受破坏,硅基负极材料的结构一旦被破坏,原本畅通的电子和离子传输路径就会受到阻碍。这些路径是电流在电极中流动的重要通道,对于电池的性能起着关键作用。当路径受阻时,电子和离子在电极中的迁移变得困难,需要消耗更多的能量才能通过受阻的区域。这种传输难度的增加会直接导致电池内阻的增加,内阻的增加对电池性能产生不利影响。首先,它会导致电池在工作时产生更多的热量,降低电池的能量转换效率。其次,内阻的增加还会限制电池的放电能力,使得电池的输出功率下降。此外,长时间的高内阻工作状态可能加速电池的老化,缩短电池的寿命。为了避免黏结剂失效带来的结构破坏和路径受阻问题,需要采取一系列措施。首先,选用高性能、稳定的黏结剂是关键。其次,优化电极设计和制造工艺也很重要,以确保电极结构的稳定性和完整性。此外,合理的充放电参数设置和使用环境控制也能有效延长黏结剂和电极的使用寿命,从而降低电池的内阻。

(二)界面反应变化

1. 界面电阻增加

界面电阻增加是黏结剂失效后电池内阻上升的另一个关键因

素。在锂离子电池中,电极与电解液之间的界面扮演着至关重要的角色,它直接影响锂离子在电极和电解液之间的传输效率。然而,当黏结剂失效时,这一界面可能经历显著的变化。随着黏结剂的失效,原本紧密结合的电极材料开始松动,电极表面的微观结构也可能发生改变。这些变化可能导致电极与电解液之间的接触面积减少,或者界面层的性质发生变化。当接触面积减少时,锂离子在界面处的传输通道会变窄,从而增加了锂离子穿越界面的难度。同时,如果界面层的性质发生变化,比如形成了更加阻碍离子传输的化合物,那么锂离子在界面处的迁移也会变得更加困难,这些变化最终都会导致界面电阻的增加。界面电阻的增加意味着锂离子在电极和电解液之间传输时需要克服更大的阻力,这会导致电池在工作时产生更多的热量,降低电池的能量效率。同时,界面电阻的增加还可能影响电池的充放电性能,使得电池难以达到其理论上的最大容量。

2. 固体电解质界面(SEI)形成

固体电解质界面(SEI)形成是黏结剂失效后电池性能下降的一个重要因素。在锂离子电池中,当黏结剂失效时,电极表面可能会形成一种被称为固体电解质界面(SEI)的层。SEI 是在液态电解质和电极材料之间形成的一层固态物质,通常是在电池的首次充放电过程中形成的。在正常情况下,SEI 的形成可以对电极起到一定的保护作用,防止电解质进一步分解,并有助于锂离子的嵌入和脱出。当黏结剂失效时,形成的 SEI 可能变得不稳定。不稳定的 SEI 层可能导致锂离子在迁移过程中受到更大的阻碍,因为它们需要穿过这层额外的物质。这不仅增加了锂离子迁移的难度,还可能引发锂离子在 SEI 层中的嵌入和脱出变得不均匀,进而影响电池的循环稳定性和容量。此外,不稳定的 SEI 层还可能持续消耗锂离子和电子,导致电池性能的持续衰减。随着充放电循环的进行,不稳定的 SEI 层可能会不断增厚,进一步阻碍锂离子的迁移,增加电池的内阻。内阻的增加会降低电池的输出功率和能量效率,缩短电池的寿命。因此,为了维持电池的高性能,需要防止黏结剂失效,从而避免形成不稳定的 SEI 层。这可以通过使用更稳定、耐用的黏结剂,优化电极材料的表面处理和电池的设计来实现。同时,研究者们也在积极探索新型电解质和添加剂,以减少 SEI 的形成或改善其稳定性,从而降低电池的内阻,提高电池的循环寿命和整体性能。

四、循环稳定性变差

(一)容量保持率下降

1. 活性物质结构变化

活性物质结构变化是黏结剂失效后导致循环稳定性变差的一个重要原因。在锂离子电池中,黏结剂起着维持电极结构稳定性的作用。然而,当黏结剂失效后,硅基负极材料的结构变得脆弱,容易受到充放电过程中的应力影响。具体来说,由于硅基负极材料在充放电过程中会发生较大的体积变化,如果没有有效的黏结剂来固定和支撑活性颗粒,颗粒之间就容易发生相对移动和摩擦。这种摩擦和移动不仅会导致活性颗粒表面的粉化,还可能引发颗粒内部的破裂。粉化和破裂的活性颗粒会失去与电解液的接触,从而无法有效参与电化学反应,进而导致电极的容量保持率下降。此外,活性物质的结构变化还可能影响电极的导电性和锂离子迁移效率。粉化和破裂的颗粒会破坏原本连续的导电网络,增加电子传输的难度。同时,颗粒的破裂也可能暴露出新的表面,这些表面可能与电解液发生不利的副反应,进一步消耗活性物质并影响电池性能。

2. 锂离子嵌入/脱出不可逆

锂离子嵌入/脱出不可逆,是黏结剂失效后影响电池循环稳定性的另一重要因素。在锂离子电池的正常工作过程中,锂离子应在正负极材料间可逆地嵌入和脱出,从而保证电池能够持续、稳定地进行充放电。然而,当黏结剂失效时,它无法再有效地固定和支撑电极材料,特别是硅基负极材料。这种情况下,锂离子在嵌入负极材料时可能会遇到更大的阻力,或者在脱出时面临更多的能量障碍。这些阻力和障碍可能导致锂离子在嵌入或脱出过程中被"困住",无法顺利完成其可逆的化学反应。此外,黏结剂的失效还可能导致电极材料结构的微小变化,如颗粒的重新排列或表面的微小裂纹。这些变化都可能影响锂离子嵌入和脱出的通道,使得原本畅通的路径变得曲折或阻塞。锂离子嵌入/脱出过程的不可逆性会直接导致电池容量减少,因为"困住"的锂离子无法再参与电化学反应,从而降低了电池的容量保持率。长时间下来,这种不可逆的锂离子损失会累积,显著缩短电池的使用寿命。

(二)充放电效率降低

1. 能量损耗增加

能量损耗增加是黏结剂失效后影响电池性能的一个重要方面。在锂离子电池中,黏结剂对于维持电极结构的稳定性和导电网络的连贯性起着至关重要的作用。然而,当黏结剂失效时,电池的内阻往往会随之增加。内阻的增加意味着电流在电池内部流动时遇到的阻力增大,这会导致在充放电过程中产生更多的热量,这些热量不仅代表了能量的损失,还可能对电池的性能和使用寿命产生负面影响。特别是在高倍率充放电时,内阻的增加会显著降低电池的充放电效率。此外,黏结剂失效导致的内阻增加还可能加剧电池的自放电现象。自放电是指电池在静置状态下也会缓慢放电的现象,这同样是一种能量损耗。当电池内阻增加时,自放电的速率也可能随之加快,进一步降低电池的能量存储效率。

2. 锂离子迁移受阻

锂离子迁移受阻是影响锂离子电池充放电效率的关键因素之一,特别是在黏结剂失效后,这一问题变得尤为突出。黏结剂的失效往往导致电极表面形成不稳定的固体电解质界面(SEI)层,这一不稳定层不仅可能持续消耗锂离子和电子,还增加了锂离子在迁移过程中需要穿过的障碍。不稳定的 SEI 层可能具有不规则的结构和化学成分,这使得锂离子在通过时面临更多的阻力和更复杂的路径。此外,SEI 层的形成通常会伴随着界面电阻的增加,当锂离子试图穿越这一界面时,它们可能会遇到更大的电阻,这大大降低了锂离子的迁移速度和效率。这不仅影响电池的即时性能,还会对电池的长期稳定性和寿命产生不利影响。当锂离子迁移受阻时,电池在充放电过程中的能量转换效率自然会下降,表现为电池的充放电速度变慢,甚至可能出现充不满电或放不完电的情况。

五、安全隐患增加

(一)热失控风险提升

1. 内部短路引发热失控

内部短路引发热失控是锂离子电池安全性的一个重大威胁,而黏结剂的失效可能成为这一威胁的潜在触发点。黏结剂在电池中起着至关重要的作用,它能够确保电极材料的稳定性和均匀分布。

然而,当黏结剂失效时,电极内部的结构可能变得松散和不均匀,从而增加了电极内部发生微小短路的风险。这些微小短路点实际上是在电极内部形成的异常导电通道,它们可以绕过正常的充放电路径,导致电流的异常集中。在充放电过程中,这些短路点会产生大量的焦耳热,使得局部温度迅速升高。如果这种温度升高不能及时得到控制,就可能引发连锁反应,导致整个电池系统的热失控。热失控是一个极其危险的状态,它意味着电池内部的化学反应开始加速并放出大量热量,这些热量又进一步促进反应的进行,形成一个恶性循环。在这种情况下,电池的温度会迅速升高到几百甚至上千摄氏度,足以引发电池的自燃甚至爆炸。因此,黏结剂的稳定性和有效性对于预防内部短路和热失控至关重要。为了防止这种情况的发生,研究者们正在不断探索新型的黏结剂材料和电极结构,以提高电极的稳定性和安全性。同时,电池管理系统也需要不断优化,以便在异常情况发生时能够及时切断电流并启动保护措施,从而避免热失控的发生。

2. 隔膜熔化穿孔

隔膜熔化穿孔是锂离子电池在高温环境下可能出现的一种严重安全隐患,而不稳定的黏结剂往往会加剧这一风险。隔膜作为锂离子电池中的关键组件,其主要功能是隔离正负极,防止直接接触导致短路。然而,在高温条件下,特别是当黏结剂不稳定时,隔膜的老化和熔化速度可能会显著加快。不稳定的黏结剂在高温下可能分解或失去黏性,导致电极材料的结构变得松散。这不仅削弱了黏结剂对电极材料的固定作用,还可能产生额外的热量。当这些热量积累到一定程度时,就会对隔膜的完整性构成威胁。一旦隔膜开始熔化和收缩,就可能出现微小穿孔或裂缝。这些穿孔或裂缝为正负极之间提供了直接接触的通道,导致电流异常增大,形成内部短路,短路产生的高热量会进一步加速隔膜的熔化和电池的热失控。在极端情况下,这种热失控可能引发电池的燃烧甚至爆炸,对使用者的人身安全构成严重威胁。

(二)有害气体释放

1. 电解液分解产生有害气体

电解液分解产生有害气体是锂离子电池在特定条件下可能出现的安全问题,而黏结剂的失效往往会加剧这一问题的严重性。电解液是锂离子电池中的重要组成部分,它承担着锂离子在正极和负极之间的传输功能。然而,电解液在某些情况下,特别是在高温或过充等滥用条件下,有可能发生分解。当黏结剂失效时,电极的结构变得不稳定,这可能导致电解液与电极材料之间的接触更加密切和不均匀。这种密切的接触可能加剧电解液的分解反应。电解液分解时,会产生一系列有害气体,如氢氟酸、磷化氢等。这些气体不仅对人体有害,还会对环境造成污染。氢氟酸是一种具有强烈腐蚀性和毒性的气体,对皮肤、眼睛和呼吸系统都有极大的刺激和损害作用。而磷化氢则是一种剧毒气体,对人体神经系统和呼吸系统都有严重危害。这些有害气体的释放,特别是在密闭或通风不良的环境中,可能导致人员中毒甚至死亡。此外,这些有害气体还会对周围环境造成污染,它们可能与其他物质发生化学反应,生成更加复杂和有害的化合物,对大气、水体和土壤造成长期污染。

2. 电池破裂释放内部气体

电池破裂释放内部气体是一种严重的安全隐患,特别是在黏结剂失效的情况下,这一风险会显著增加。黏结剂在锂离子电池中扮演着维持结构稳定性的重要角色,一旦黏结剂失效,电池内部的结构将变得极为不稳定。正常情况下,电池内部的气体产生和释放是一个平衡的过程。然而,当黏结剂失效,电极材料的结构稳定性遭到破坏,电池在充放电过程中可能会产生更多的气体。这些气体在电池内部积累,增加了电池内部的压力,如果压力超过了电池的承受极限,就可能导致电池的膨胀甚至破裂。电池破裂时,内部的有害气体将会迅速释放到环境中,这些气体可能包括氢气、氧气,以及电解液分解产生的有毒气体,如前面提到的氢氟酸和磷化氢等。这些气体的释放不仅对人体健康构成威胁,还可能引发火灾或爆炸等更严重的安全事故。此外,电池破裂还可能导致电解液的泄漏,电解液通常是由强腐蚀性的化学物质组成,一旦泄漏到环境中,将对周围的设备和人身安全造成极大的威胁。

第二节　黏结剂失效的预防措施与解决方案

一、黏结剂失效的预防措施

(一)材料选择与质量控制

1. 优质黏结剂的选择

在锂离子电池的生产中,黏结剂的选择是至关重要的第一步。优质黏结剂不仅要能够提供强大的黏结力,还需要具备优异的耐高温、耐化学腐蚀等特性。为了选择适合的黏结剂,必须深入了解市场上各种黏结剂的性能指标,如黏度、耐温范围、化学稳定性等。通过对比分析,可以筛选出最适合自己产品需求的黏结剂。此外,与黏结剂供应商建立良好的合作关系也至关重要。这不仅可以确保黏结剂的稳定供应,还能在出现问题时得到及时的技术支持和解决方案。在选择黏结剂时,还应考虑其环保性,选择低毒、低污染的黏结剂,以符合日益严格的环保法规要求。最后,实际应用是检验黏结剂质量的最终标准。在选定黏结剂后,需要通过一系列的实验和测试来验证其性能,确保其在实际生产中的稳定性和可靠性。

2. 严格材料检验

黏结剂的质量直接影响到锂离子电池的性能和安全性,因此对其进行严格的材料检验至关重要。首先要建立完善的检验流程,明确检验标准和方法。在黏结剂进厂时,必须进行全面的质量检查,包括外观检查、性能测试等,确保其符合规定的技术要求。其次,还要对黏结剂进行定期的抽样检测,以及在使用过程中进行质量跟踪。这不仅可以及时发现并处理黏结剂的质量问题,还能为黏结剂的持续优化提供数据支持。为了提高检验的准确性和效率,应采用先进的检测设备和技术,并不断提升检验人员的专业技能。此外,与黏结剂供应商保持紧密的沟通也是关键,以便在发现问题时能够及时解决,确保黏结剂质量的持续稳定。通过严格的材料检验,可以确保黏结剂的质量,进而保证锂离子电池的性能和安全性,为企业的持续发展和客户的满意度提供坚实保障。

(二)设计与工艺优化

1. 电池结构设计

电池结构设计是预防黏结剂失效的关键环节之一。一个合理的电池结构不仅能够提升电池性能,还能有效减少黏结剂受力不均和老化等问题。在设计电池结构时,需要充分考虑黏结剂在其中的作用,确保黏结剂能够均匀且有效地固定电极材料。为了实现这一目标,可以采用多层结构设计,通过合理分布黏结剂和电极材料,减少黏结剂在充放电过程中的应力集中。同时,增加黏结剂与电极材料之间的接触面积,提高黏结强度。此外,设计适当的缓冲层或隔离层,以减少电池在使用过程中因温度变化而产生的热应力,从而保护黏结剂不受损害。除了上述结构设计措施外,还可以利用先进的模拟软件进行电池结构的优化。通过模拟电池在不同工况下的性能表现,可以发现潜在的结构弱点并进行改进。这种模拟方法不仅可以提高电池设计的精确性,还能缩短研发周期,降低成本。

2. 涂布工艺改进

涂布工艺是锂离子电池制造中的关键环节,对黏结剂的使用效果有着直接影响。为了预防黏结剂失效,需要对涂布工艺进行细致的改进。首先,要优化涂布设备的性能和精度。采用高精度的涂布机头,确保黏结剂能够均匀涂布在电极材料上,避免出现厚薄不均或漏涂的情况。同时,要定期检查和维护涂布设备,保持其良好的工作状态。其次,要精确控制涂布速度和温度。涂布速度过快可能导致黏结剂未能充分渗透电极材料,影响黏结效果;而温度过低则可能导致黏结剂固化不良。因此,需要根据黏结剂和电极材料的特性,确定最佳的涂布速度和温度参数。此外,还可以考虑采用新型的涂布技术,如喷雾涂布、狭缝涂布等,以提高黏结剂的利用率和涂布的均匀性。这些技术能够有效减少黏结剂的浪费,并提高电池的能量密度和性能。最后,要对涂布后的电极进行质量检测和控制。通过采用先进的检测设备和方法,如激光测距仪、显微镜等,对电极的涂布质量进行实时监控和反馈调整。这有助于及时发现并处理涂布过程中出现的问题,确保黏结剂的有效使用。

（三）生产环境控制

1. 温湿度管理

在锂离子电池的生产过程中,温湿度的控制对于预防黏结剂失效至关重要。黏结剂的性能往往受到温度和湿度变化的显著影响,过高或过低的温度以及不恰当的湿度都可能导致黏结剂的性能下降,进而影响电池的质量和安全性。为了实施有效的温湿度管理,需要在生产车间安装精确的温湿度监测系统。这些系统能够实时监控环境的温度和湿度,并通过自动调节系统或人工干预来维持设定的温湿度范围。特别是在涂布、干燥和固化等关键环节,对温湿度的要求更为严格,必须确保这些过程在恒定的环境条件下进行。此外,定期对生产车间的温湿度数据进行记录和分析也是必不可少的。通过这些数据,可以及时发现温湿度异常,并采取相应的措施进行调整。同时,这些数据还可以为生产流程的优化提供依据,更好地帮助理解黏结剂在不同温湿度条件下的性能表现。

2. 清洁度维护

在锂离子电池的生产过程中,保持生产环境的清洁度对于预防黏结剂失效同样重要。黏结剂的性能和使用效果很容易受到灰尘、杂质等污染物的影响。这些污染物可能会与黏结剂发生化学反应,导致其性能下降或失效。为了维护生产环境的清洁度,需要采取一系列措施。首先,要定期清理生产车间,确保地面、墙壁和设备表面干净整洁。其次,要在关键区域设置空气净化设备,如高效过滤器和空气净化器等,以减少空气中的尘埃和微生物含量。此外,进入生产车间的员工必须穿戴专业的防尘服和鞋套,以减少人为因素带来的污染。除了上述措施外,还需要建立严格的清洁度检测和控制制度。定期对生产环境进行清洁度检测,并记录相关数据。一旦发现清洁度不达标,应立即采取措施进行清理和消毒。同时,要对员工进行定期培训,提高他们的清洁意识和操作技能。

(四)黏结剂使用规范

在使用黏结剂之前,充分的准备工作至关重要,这不仅可以确保黏结剂能够发挥最佳性能,还可以保障操作过程的安全性和效率。使用前应对黏结剂进行全面的检查,确认包装是否完好无损,防止因包装破损而导致的黏结剂污染或变质。同时,要仔细核对黏结剂的型号、规格和生产日期,确保其符合生产要求。此外,使用前还应对操作环境进行全面的评估,确保温度、湿度等条件适宜黏结剂的使用。过高的温度或湿度可能会影响黏结剂的黏性和固化速度,进而影响黏结效果。因此,在操作前应对环境进行必要的调控,以提供最佳的操作条件。同时,操作人员应熟悉黏结剂的使用说明和安全数据表(SDS),了解黏结剂的化学性质、毒性、安全操作指南以及应急处理措施。在操作过程中,应佩戴适当的防护装备,如手套、护目镜等,以防止黏结剂与皮肤或眼睛直接接触。使用前应进行小范围的试验,以验证黏结剂的适用性和黏结效果,这有助于在实际操作中更好地掌控黏结剂的用量和黏结时间,从而提高生产效率和产品质量。

二、黏结剂失效的解决方案

(一)材料选择与替代

1. 优质黏结剂的重新选择

在面对黏结剂失效的问题时,重新选择优质黏结剂是一个关键步骤。黏结剂的性能直接关系到产品的质量和可靠性,因此选择一款性能稳定、适应性强的黏结剂至关重要。在进行黏结剂重新选择时,要明确产品对黏结剂的具体要求,如黏结强度、耐候性、化学稳定性等。根据这些要求,筛选市场上的黏结剂产品,对比其性能指标、使用范围以及用户评价。同时,与黏结剂供应商进行深入沟通,了解其产品的研发背景、生产工艺以及质量控制措施。优先选择那些经过严格测试、有良好应用案例的黏结剂产品。此外,还需要考虑黏结剂与现有生产工艺的兼容性。确保新选的黏结剂能够顺利融入现有生产线,不会对设备造成损害,也不会影响产品的其他性能。

2. 备用黏结剂的使用

为了应对黏结剂失效的突发情况,准备备用黏结剂是非常必要的。备用黏结剂的选择和使用需要遵循一定的原则,以确保在紧急情况下能够迅速且有效地替换失效的黏结剂,维持生产的正常进行。首先,备用黏结剂的选择应与原黏结剂性能相近。这意味着备用黏结剂应具有相似的黏结强度、固化速度、耐候性等关键性能,以确保替换后不会对产品的整体性能产生负面影响。其次,备用黏结剂应具有良好的兼容性。它应能与原黏结剂所用的材料和工艺相匹配,避免因不兼容而导致的生产问题。此外,备用黏结剂的使用也需要进行充分的测试和验证。在实际应用前,应对其进行小规模的试验,以确认其性能和可靠性。这可以包括黏结强度测试、耐久性测试等,以确保备用黏结剂能够满足生产要求。最后,备用黏结剂的储存和管理也是至关重要的。应确保其储存环境稳定、安全,避免过期或变质。同时,定期对备用黏结剂进行检查和更新,以确保其随时可用。

（二）工艺优化与调整

1. 调整涂布工艺参数

涂布工艺是锂离子电池生产中至关重要的一环,它直接影响黏结剂在电极材料上的分布均匀性和附着力。为了解决黏结剂失效的问题,调整涂布工艺参数是一个有效的途径。需要精确控制涂布速度,通过降低涂布速度,可以确保黏结剂有足够的时间与电极材料充分接触并渗透其中,增强黏结力。涂布温度也是关键参数之一,适中的涂布温度有助于黏结剂的均匀涂布和良好固化。过高的温度可能导致黏结剂过快固化,而过低的温度则会影响黏结剂的流动性。因此,需要根据黏结剂的特性和电极材料的要求,精确调整涂布温度。此外,涂布压力也需要适当控制,过大的涂布压力可能会使黏结剂被挤出电极表面,形成不均匀的涂层;而过小的涂布压力则可能导致黏结剂无法充分渗透到电极材料中。因此,需要根据实际情况调整涂布压力,以获得最佳的涂布效果。

2. 改进固化工艺

固化工艺是确保黏结剂有效固着在电极上的关键环节。为了解决黏结剂失效问题,对固化工艺进行改进是必要的。需要调整固化时间和温度。固化时间不足或温度过低,都可能导致黏结剂未能完全固化,从而影响黏结强度。通过增加固化时间和适当提高固化温度,可以确保黏结剂充分固化,提高其黏结力和耐久性。可以考虑采用分阶段固化方法,这种方法允许黏结剂在不同温度下逐渐固化,从而提高黏结剂的交联密度和黏结强度。分阶段固化还可以减少黏结剂在固化过程中产生的内应力,提高其抗冲击和抗震性能。此外,固化环境也是影响固化效果的重要因素,需要确保固化环境干净、无尘,并控制湿度和氧气含量,以避免黏结剂在固化过程中受到污染或发生氧化反应。定期对固化设备进行检查和维护也是至关重要的,这可以确保设备处于良好工作状态,提供稳定的固化条件,从而保证黏结剂的有效固化。

(三)生产环境改善

1. 加强温湿度控制

温湿度不仅影响黏结剂的涂布和固化过程,还直接关系到最终产品的性能和稳定性。为了加强温湿度控制,需要安装高精度的温湿度监测系统。这些系统应具备实时监测、数据记录和超限报警功能,以便生产管理人员能够迅速响应任何温湿度异常。此外,监测系统应与生产控制系统集成,实现自动化调控,确保生产环境维持在设定的最佳温湿度范围内。除了监测系统,还应配置高效的空调和加湿/除湿设备,以便快速调节车间内的温湿度。特别是在黏结剂的涂布和固化区域,应设置更为严格的温湿度控制标准,防止因环境变化导致的黏结剂性能下降。此外,定期对温湿度控制设备进行维护和校准也是必不可少的。这不仅可以确保设备的准确性,还能延长其使用寿命,从而降低生产成本。

2. 提升清洁度

在锂离子电池生产中,保持高标准的清洁度对于预防黏结剂失效至关重要。尘埃、微粒和其他污染物不仅会干扰黏结剂的正常功能,还可能对产品的性能和安全性造成严重影响。为了提升生产环境的清洁度,应实施严格的清洁和消毒程序。这包括定期清扫生产区域,使用专用的清洁剂和消毒剂,以及确保所有设备和工具的清洁卫生。同时,还应建立清洁度检查制度,定期对生产环境进行微生物和尘埃粒子的检测,确保各项指标均符合生产要求。除了日常的清洁工作,还应重视生产区域的空气净化。通过安装高效过滤器和空气净化设备,可以有效去除空气中的微粒和有害气体,进一步提高生产环境的清洁度。同时,这些设备还能帮助维持恒定的温湿度条件,为黏结剂的使用提供最佳环境。此外,员工的卫生习惯和操作规范也是提升清洁度的关键。应定期对员工进行清洁和卫生培训,确保他们了解并遵循正确的操作规程,减少人为因素对环境造成的污染。

(四)黏结剂管理与储存

1. 建立完善的黏结剂管理制度

建立完善的黏结剂管理制度对于确保黏结剂的质量和有效使用至关重要。这一制度应明确黏结剂的入库、出库和使用规范,确保每一批黏结剂的来源、数量、质量和使用情况都有详细的记录。通过这样的管理,可以追踪黏结剂的使用历史,及时发现并处理可能存在的问题。此外,管理制度还应包括黏结剂的质量检查标准和方法。定期对黏结剂进行质量抽查,可以确保其性能稳定并符合生产要求。一旦发现黏结剂质量不达标,应立即停止使用并采购新产品,以避免对生产造成不良影响。同时,为了加强黏结剂的安全管理,制度中还应明确黏结剂的存放、搬运和废弃物处理等方面的规定,确保黏结剂在储存和使用过程中不会对人员和环境造成危害。最后,建立完善的黏结剂管理制度还需要加强员工培训,通过培训,使员工充分了解黏结剂的性能、使用方法和安全注意事项,提高员工对黏结剂管理的认识和重视程度。

2. 优化储存条件

优化黏结剂的储存条件对于保持其性能和延长使用寿命具有

重要意义。首先,要确保黏结剂存放在干燥、阴凉的地方,避免阳光直射和高温环境。阳光和高温可能会导致黏结剂中的化学成分发生变化,进而影响其黏结性能和稳定性。因此,仓库或储存间应具备遮阳、通风和控温设施,以确保储存环境的稳定性。其次,储存区域应保持清洁和整洁,防止灰尘、污垢或其他杂质的污染。因此,需要定期清理储存区域,以确保其干净卫生。此外,黏结剂的储存应避免与易燃、易爆或有腐蚀性的物品混放,以防止对黏结剂造成损害或引发安全事故。

(五)培训与技术支持

1. 加强员工培训

在锂离子电池生产过程中,员工的专业技能和知识水平对黏结剂使用的有效性起着至关重要的作用。因此,加强员工培训,提升他们对黏结剂性能、使用方法和安全规范的了解,是预防黏结剂失效的关键措施。员工培训应涵盖黏结剂的基本知识,包括其化学成分、性能特点、使用方法以及可能遇到的问题和解决方案。通过理论讲解和实际操作相结合的方式,使员工能够熟练掌握黏结剂的正确使用技巧,避免操作不当导致的黏结剂失效。此外,培训还应强调安全生产的重要性,使员工充分了解黏结剂的安全风险,并学会正确的安全防护措施和应急处理方法。通过模拟演练和案例分析,提高员工在紧急情况下的应变能力和自我保护意识。定期对员工进行知识和技能考核,确保培训效果。对于考核不合格的员工,应进行针对性的再培训,直至其达到岗位要求。通过加强员工培训,可以显著提升黏结剂使用的有效性和安全性,为锂离子电池的稳定生产提供有力保障。

2. 寻求专业技术支持

在面对黏结剂失效或其他技术难题时,寻求专业技术支持是至关重要的。专业技术支持团队通常具备深厚的专业知识和丰富的实践经验,能够迅速诊断问题并提供有效的解决方案。与黏结剂供应商或相关领域的专家建立长期合作关系,确保在需要时能够及时获得技术支持。这些专家或团队对黏结剂的性能、使用方法和常见问题有深入的了解,可以为企业提供针对性的指导和建议。当遇到黏结剂失效问题时,及时联系技术支持团队,提供详细的问题描述和实验数据。技术支持团队将通过分析数据、诊断问题,为企业提供解决方案或改进建议。这不仅可以迅速解决当前问题,还能帮助企业提升黏结剂使用的技术水平。此外,专业技术支持还可以为企业提供黏结剂相关的最新技术和市场动态。通过与技术支持团队的交流和合作,企业可以及时了解行业发展趋势和新技术、新产品信息,为企业的技术创新和产品升级提供支持。

参 考 文 献

[1]刘汉川.硅基负极材料研究进展和挑战[J].船电技术,2023,43
(08):7-11.

[2]康永军,董南希,王亚丽,等.聚酰亚胺作为锂离子电池硅基负
极黏结剂的研究进展[J].高分子通报,2023,36(08):968-978

[3]周华东,程文海,王海.锂离子电池硅基负极水溶型黏结剂研究
进展[J].化工生产与技术,2023,29(02):10-16+62.

[4]成新安,何梁.锂离子电池硅基负极材料研究进展[J].广东化
工,2023,50(01):89-91.

[5]陈琴,马晨翔,张旭东,等.粘合剂性能对锂离子电池循环性能
的影响机理[J].探测与控制学报,2022,44(04):93-97.

[6]崔亚楠,孙琪,任晓燕,等.基于原位电化学石英晶体微天平技
术的硅基负极黏结剂性能分析[J].分析化学,2022,50(03):
384-391.

[7]郭密,王珍珍,孙世敏,等.黏结剂对硅基负极圆柱18650电池性
能影响研究[J].应用化工,2021,50(S2):217-221.

[8]郝浩博,陈惠敏,夏高强,等.锂离子电池硅基负极材料研究与
进展[J].电子元件与材料,2021,40(04):305-310+322.

[9]赵桃林,申建钢,徐凯,等.锂离子电池硅基负极用黏结剂的设
计改性进展[J].复合材料学报,2021,38(06):1678-1690.

[10]曹国林,苏彤,沈晓辉,等.硅基负极的研究进展及其产业化

[J].陕西煤炭,2020,39(S1):54-59+64.

[11]陈祥祯,唐佳易,孙迎辉,等.硅基锂离子电池新型黏结剂的研究进展[J].电池工业,2020,24(02):94-101.

[12]周家乐,汪斌.以偕胺肟基聚丙烯腈为黏结剂的锂离子电池负极的研究[J].江西化工,2020,36(05):66-70.

[13]杨纪元,史明慧,张群朝,等.锂离子电池硅负极黏结材料的研究进展[J].精细化工,2020,37(11):2172-2181.

[14]李萌,杨裕生,邱景义,等.高比能锂离子电池用硅基负极研究进展[J].防化研究,2023,2(02):1-14.

[15]常湘染,李天天,李洋阳,等.锂离子电池微米硅负极制备与改性研究进展[J].电源技术,2024,48(02):198-205.

[16]王姝文,刘顺伟.甘肃省锂电池负极材料产业高质量发展对策建议[J].发展,2024,(02):55-58.

[17]王盟,田晓波.硅基负极锂离子电池电解液配方设计研究[J].当代化工研究,2022,(21):71-73.

[18]康海,张静静,王志华,等.负热膨胀材料对微米硅负极的改性研究[J].化工新型材料,2023,51(04):299-302+306.

[19]金康.宁波杉杉新材料:科技创新加速推进锂电池产业再升级[J].今日科技,2022,(11):56.

[20]郑瀚,来沛霈,田晓华,等.多级碳复合的大尺寸硅颗粒在锂离子电池负极中的性能[J].储能科学与技术,2023,12(01):23-34.

[21]魏沁,周豪杰,李子坤,等.锂离子电池负极预锂化技术研究进展[J].炭素技术,2022,41(04):20-23.

[22]张佃平,苏少鹏,张猛,等.无纺布结构柔性硅基负极原位制备及电化学性能[J].硅酸盐学报,2022,50(08):2110-2118.

[23]邵泽超,徐明洪,冯东琴.锂离子电池用硅基负极人造固体—电解质界面膜研究进展[J].世界有色金属,2022,(14):145-147.

[24]蔡旭萍,赵冬冬,纪红伟,等.钠离子电池碳基负极材料研究进展[J].河南化工,2022,39(08):10-13.

[25]张猛,李进,苏少鹏,等.高性能硅基复合锂离子电池负极制备及电化学性能[J].硅酸盐学报,2022,50(10):2591-2598.

[26]裴振.浅谈新形势下锂电负极材料的研究进展及发展趋势[J].炭素,2022,(03):37-41.

[27]石润锋,杨乐之,银华杰.硅基负极材料预锂化研究进展和工业化趋势[J].现代化工,2023,43(02):62-65+70.

[28]程伟江,汪何琦,高翔,等.锂离子电池硅基负极电解液成膜添加剂的研究进展[J].化工学报,2023,74(02):571-584.